种菜教室

[日]板木利隆 著

曾磊 张艳辉 译

花山文艺出版社

图书在版编目（CIP）数据

种菜教室 / (日) 板木利隆著 ; 曾磊、张艳辉译. —石家庄 : 花山文艺出版社, 2019.10
　　ISBN 978-7-5511-4814-6

Ⅰ. ①种… Ⅱ. ①板… ②曾… ③张… Ⅲ. ①蔬菜园艺—普及读物 Ⅳ. ①S63-49

中国版本图书馆CIP数据核字（2019）第152671号

冀图登字：03-2019-063

HAJIMETE NO YASAIDUKURI 12KAGETSU by Toshitaka Itagi

封面插图：进藤惠子
正文插图：落合恒夫　角慎作
摄　　影：板木利隆　甘利真一（家之光协会）

书　　名：种菜教室
著　　者：［日］板木利隆　　　　　　　译　　者：曾　磊　张艳辉

选题策划：后浪出版公司
出版统筹：吴兴元
责任编辑：温学蕾
编辑统筹：王　顿
责任校对：李　伟
美术编辑：胡彤亮
特约编辑：余椹婷
营销推广：ONEBOOK
装帧制造：墨白空间

出版发行：花山文艺出版社（邮政编码：050061）
　　　　　（河北省石家庄市友谊北大街330号）
印　　刷：盛通（廊坊）出版物印刷有限公司
经　　销：新华书店
开　　本：787毫米×1092毫米　1/16
印　　张：15
字　　数：400千字
版　　次：2019年11月第1版　2019年11月第1次印刷
书　　号：ISBN 978-7-5511-4814-6
定　　价：99.80元

前　言

　　与我们日常生活息息相关的蔬菜，在不知不觉中发生着巨大变化。当下，市场售卖的新鲜蔬菜中，长途运输的有所增多，冷冻蔬菜、洗净分切蔬菜和植物工厂的产品等也屡见不鲜。

　　多数情况下，我们对以下信息并不明了：种植蔬菜的田地，种植的人，种植的方法，采收之后的售卖、流通、加工，处理的场所，各环节的相关人员，等等。也就是说，很多时候我们对自己所食用的蔬菜了解十分有限。

　　由此，食用从自家菜园、庭院、阳台或市民农园采收的"亲手培育的蔬菜"愈发有意义。事实上，近年来城市中也有越来越多的人热衷于蔬菜种植。

　　自己亲手培育安全放心的新鲜蔬菜，是蔬菜种植的迷人之处。与此同时，在大自然中与土地接触，流出汗水后采收的喜悦，每天观察自己种植的蔬菜，都是其魅力所在。

　　利用从蔬菜种植中获得的信息和经验，扩大种植规模，采收传统蔬菜和新品种蔬菜，并加工成地方特产，既能给邻里提供放心蔬菜，也有助于志在新田园生活的人们实现梦想。

　　本书以《家之光》及《JA广报通信》中常年连载的文章为基础进行大量改编，旨在帮助努力种植蔬菜的人们今后能够顺应时节，采收更多的健康蔬果。如果能给喜爱种植蔬菜的朋友们增添更多乐趣，我也同样开心。

板木利隆

目　　录

第三章
蔬菜种植的基础知识

应季蔬菜种植

种植蔬菜有 3 个关键条件：种子（优质品种的优质种子）；使蔬菜健康生长的良好环境条件；符合蔬菜特性的正确种植管理。

其中，"使蔬菜健康生长的良好环境条件"就是本书第一章总结的内容。之所以总结这方面内容，是由于家庭菜园的种植环境不同于温室等人为控制的种植环境，大多在露天条件下种植，因此种植者必须熟悉季节特点，选择适应季节的蔬菜种类，进行正确的种植管理。

特别是日本气候的季节性变化较大，四季温度、日照时长等条件有所差别，需要种植者在熟悉气候的前提下制订整年的种植计划。不仅如此，播种、施肥、作物管理技术等也都须符合要求。所以，想要采收优质蔬菜并不容易。

本书介绍一年 12 个月（各季）适合种植的蔬菜，并用案例说明种好蔬菜的关键。由此，读者能够大致掌握一整年的家庭菜园管理方法，并开始尝试种植蔬菜。

当然，日本的国土呈南北狭长形状，地域间的气候差异较大，每月的种植管理作业也因地区而异。本书中，以关东及关西地区的平坦土地为基准。因此，其他地区的读者应参照当地的气候条件、植物的生长环境、当地的惯用方式以及长期形成的经验等，合理使用本书。

此外，各种蔬菜的种植要点及详细的种植管理方法在第二章中有所介绍，相关页码标注于文末括号内。

应季蔬菜种植 一月

尝试种植新品种蔬菜

最近常在蔬菜摊上见到许多以前不曾见过的新品种蔬菜，还有美味的土产蔬菜。亲手种植这些少见的蔬菜，也是开辟家庭菜园的乐趣之一。年初制订种植计划时，一定要尝试种植新品种蔬菜。如此便能够体验到家庭菜园的全新魅力。

以下介绍几个示例。

○新品种蔬菜、外来蔬菜：意大利欧芹、芝麻菜、红叶菊苣、苦苣、生菜、韭葱、西葫芦、羽衣甘蓝、洋蓟、小型大白菜、雪莲果。

○传统蔬菜、地方蔬菜：万原寺辣椒、贺茂茄子、水茄子、民田茄子、苦瓜、茶豆、下仁田葱、源助萝卜、飞弹红芜菁、津田芜菁、海老芋。

○野菜：明日叶、荚果蕨、翠雀蟹甲草、茖葱、圆叶玉簪。

韭菜在冬季分株

韭菜属于多年生草本，每年都能采收，且一年可采收数次。

但是，两年之后植株就会变成密生状态，品质及收成均会显著下降。所以需要在此之前及早分株。冬季叶子枯萎，植株处于休眠状态，适合分株。

方法是将剩余的枯叶修剪整齐，地上部分保留4～5cm的长度，再将株根从土中挖出。挖出之后剥掉土块，用手剥开株根，分成大份，接着继续剥开株根，分成2～3株的小份。接着，将其植入已施加基肥的沟垄内。

沟垄的深度为8～10cm，覆土稍稍盖过植株上方，不久之后长出新叶，再分两次加土填埋沟垄。之后，便能采收许多优质的韭菜。（168页）

草莓的冬季管理

10月栽种的露地栽培的草莓即将遇到真正的严寒，并进入休眠状态。在此期间，如土壤太过干燥，应偶尔灌溉。此外，土壤松散、霜柱严重导致植株隆起时，应在植株之间撒上薄薄一层充分捣碎的堆肥。

度过严寒期之后，草莓开始长出少量新叶（关东南部以西为2月初），从叶柄部分摘下根部附近枯萎的叶片，在田垄高处施撒化肥及油粕（每个植株分别施撒1小勺），并用过道的土覆盖。草莓容易施肥过量，施肥时应避开植株附近及根部。

施肥之后，使用黑色的塑料膜覆盖。由此，可预防果实溅到泥土，同时能够减少杂草，提升地面温度，防止土壤干燥，预防因雨水导致肥料流失或地面硬化。请务必使用。（52页）

应季蔬菜种植

二月

年初播种，在春季蔬菜青黄不接的时期便能够品尝到新鲜的蔬菜，这就是使用塑料膜大棚种植的好处。推荐使用大棚种植的蔬菜有菠菜、胡萝卜、小芜菁，这三种蔬菜还能同时种植于大棚内。

2月中下旬，在宽1.2m、长任意的苗床整面施撒4～5把完全腐熟的堆肥、5大勺肥料、7大勺油粕（均为每平方米的施撒量），充分翻耕至15cm左右深。制作3列约锄头宽的犁沟，正中间一列种植胡萝卜，两侧分别种植其他两种蔬菜。覆土、灌溉，并在施加细密的完全腐熟堆肥之后盖上塑料膜，四周用土压紧，确保完全密闭。

较干燥时每周灌溉一次左右，小芜菁长出一片真叶时，掀开塑料膜使其透气。生长较缓慢的胡萝卜开始长大时，逐步追肥。胡萝卜的采收期在菠菜及小芜菁之后，大约在4月中旬至5月中旬。

豌豆在严寒期的管理方法

深秋播种的豌豆在枝蔓稍稍延伸的状态下越年，迎接严寒期。此时管理的好坏对采收起决定性作用。

首先，豌豆的茎部越细，则叶片越大，侧枝的生长也就越茂盛。所以，如果任其匍匐地面，会被风随意吹散，或折断或长势差。所以，需要将较短的细竹竿或树枝立在植株附近，保护植株。

度过严寒期之后，生长高度达到20cm左右时，就会开始生长卷须，应趁早搭设主支架（带有枝叶的树或竹子最适合），使其自然缠绕。如支架不带枝叶，可贴上2～3段胶带，或将稻草顶端在水平支架侧打结，方便卷须缠绕。发现天敌"潜叶蝇"时，应及早施加杀虫剂。（62页）

可制作果酱的高品质食用大黄

在欧洲，特别是瑞士等寒冷地区的家庭菜园内常会种植食用大黄。

食用大黄的耐寒性强，属于多年生草本，栽种之后可采收好几年。生长高度为50～60cm，较大的植株叶柄可粗达3～4cm。其叶柄部分富含琥珀酸，酸味重，制成果酱会散发出清爽的气味。此外，也可用于制作橘皮果酱、蜜饯、果子露等。

最简单的种植方法是在二三月间，从种植大黄的人那里分得一些种根栽种。由于植株较大，可获得许多种根。如果无法获得种根，可购买种子，并在3月中旬至4月中旬气温回升后播种、育苗。

选择排水良好的田地是关键。第一年使植株积累充足养分，第二年开始采收。（150页）

应
季
蔬
菜
种
植

三月

种植土豆从选择种薯开始

逐渐感到阳春温暖的 3 月上旬，最适合种植土豆。

如种植太早，由于温度不足，可能无法发芽。如种植太迟，后半期会遇到高温，造成适宜温度天数不足，导致采收量减少，病虫害增多，无法获得好收成。

种薯应选择未感染病虫害的休眠后刚开始发芽的健康种。

最近，不仅有以前的代表品种"男爵""May Queen"等，还有早生及晚生品种、适合各种用途的品种、外皮或肉色具有不同色彩的品种等。

新品种的种薯，需要提前向种苗专营店预订购买。（194 页）

即将迎来播种时期的各种蔬菜

直接播种于露天农田的春播叶根类蔬菜，3 月中旬至月末（关东南部以西的平坦地区）是最适合播种的时期。可在此时期播种的蔬菜包括菠菜、小

芜菁、小松菜、茼蒿、葱、迷你萝卜、萝卜、牛蒡等。

购买对应品种时，应确认合适的播种时期。比如萝卜、菠菜等，如果不慎种上秋播的品种，植株生长初期处于低温环境，生长旺盛期则处于长日照及高温环境，花芽分化发育，则采收的蔬菜较为细小。

均需施加基肥，并制作底面平整的约锄头宽度的犁沟，在犁沟整面灌溉之后播种，最后覆土。用锄头背面压实土壤，并在上方覆盖细碎的堆肥。

西葫芦种子应提前准备

西葫芦与南瓜同属，但与常见的南瓜有所差异，节间可缩短至 3 ~ 5cm，各节长果实，藤蔓短且不会生长。因此，即使比较狭小的场所，只要阳光充

足也能轻易培育，在家庭菜园种植中极受欢迎。

播种时期通常在 4 月，建议在此之前准备种子或适合自家培育的幼苗。

育苗方式与南瓜相同，在 3 号育苗盆中播撒 3 颗种子，发芽后间苗并保留 1 株，长出 4 ~ 5 片真叶之后移栽至田地。田地须提前施加堆肥、油粕、化肥等，按垄距 150cm、株距 70cm 种植。

植株容易被风吹散，应在株根附近立起、固定 1 ~ 2 根支架。（36 页）

应
季
蔬
菜
种
植

四月

大棚种植早熟果菜类

相比露地种植，在大棚中种植早熟果菜类时需要提前 1 个月左右，樱花凋落之后、阳光日益强烈的时期最适宜。因此，苗也要比露地栽培提前 1 个月栽种。种植农户会准备预备苗，可从农户处获得种苗。

在施过基肥的田地内，种植前 2～3 天起垄，干燥之后整面充分灌溉，挖出种植沟之后盖上膜，四周用土压实，密闭状态下确保地温充足。处理好之后种上苗，植株周围稍稍灌溉之后，根部就会立即生长，快速成活。

日照强烈时将塑料膜边缘掀开，确保大棚内温度不会超过 30℃。到了 5 月，晚霜危害不再发生，可将大棚全部拆除，搭建支架进行诱引。

常见夏季蔬菜培育成大苗之后移栽至田地

4 月，已进入番茄、茄子等常见夏季蔬菜的培育准备时期。

种植时节来临之前，园艺店的门前早已摆放了各种蔬菜的种苗。如果急于求成，将种苗种入田地，难免遭受失败。这是由于此时的苗还是未长成的幼苗，且田地温度偏低。为了能够顺利培育果菜，应在地温上升至根部能够生长之后，植入长到足够大的种苗。

通常，园艺店内售卖的种苗均为种植于 3 号育苗盆的幼苗，无法作为番茄、茄子、菜椒的成苗培育。因此，应使用稍大一圈的 4 号或 4.5 号的育苗盆，补充足够的适合的土壤之后移栽。如叶色变浅，可添加少量液肥或油粕，在光照良好的环境下（天气寒冷时使用保温膜），培育至开花后移栽至田地。（223 页）

果菜类的育苗

将番茄、茄子等种苗培育开花，需要经历 70～80 天时间，且从寒冷时期开始育苗存在一些困难。如果是初学者，最好购买成品种苗。但是，

育苗天数短的黄瓜、南瓜、白瓜、冬瓜等比较容易培育，最适合自家育苗。

播种时期以樱花凋落为时间信号。育苗时，将市售的适合土壤填充于 3 号育苗盆内，播撒 3～4 颗种子，覆土厚 1cm 左右。发芽温度均需要达到 25℃以上，应在光照良好的环境下设置简易苗床，并将育苗盆放入大棚内。夜晚保持大棚密闭，白天将塑料膜边缘掀开，确保大棚内温度不超过 30℃。

在培育的同时进行间苗，保留 1 株。长出 4～5 片真叶之后（叶色浅时，施加液肥以替代灌溉），移栽至田地内。

果菜类及早施加基肥

赏樱期结束之后是最适合果菜类施加基肥的时期。为了培育出更多、更好的果实，及早施加基肥是关键。

在种植之后难以施加基肥的土地中，想要确保根部稳健生长，肥料长期有效是关键。番茄、茄子等茄科果菜的根茎纵向延伸至田垄中央深处，黄瓜、西瓜等葫芦科果菜的根茎横向延伸至田垄整面。（232页）

施肥时加入较多优质的中等成熟的堆肥，再加入油粕、缓效有机配方肥。也可使用泥炭藓、椰壳纤维等代替堆肥。在犁沟上方施肥时回填土壤，田垄整面翻耕之后半个月再次翻耕。临近种植期时足量灌溉，并覆盖塑料膜以提升地温。

通过嫁接苗预防连作危害

茄子、番茄、黄瓜、西瓜等果菜类的根部对土壤病害的抵抗力较弱，种过一次之后原则上之后3～4年内不得种植相同种类。

但是，如果栽培面积较大，且每年都需要在狭窄田垄中种植时，难以调配田垄。这种情况下，利用耐病虫害强的嫁接苗是最为有效的方法。专业栽培中自古以来就有使用，最近作为不依赖农药的环保方法被推广，家庭菜园中采用的情况也有所增加。

但是，蔬菜嫁接相当困难，并且砧木应使用专用的种类及品种。个人育苗数量较少时，建议使用市售的嫁接苗。虽然价格约为自根苗的两倍，但省时省力。种植时避免植入较深，且砧木的芽长出后应及早清除。（38页）

给夏季增添凉爽感的姜的种植

姜可用于增添菜肴的香味、去除海鲜的腥味等，幼嫩的姜还能作为夏季的佐酒菜。并且，姜可密集种植，小菜园也能大量采收，适合家庭菜园种植。

成功种植的关键是获得品质好的种姜。4月中旬左右，种苗专营店就开始售卖种姜，仔细观察，选购没有病虫害痕迹且没有腐烂的健康种姜。

适宜种植期为4月末至5月上旬。姜适宜高温种植，气温达到12℃以上才能发芽（最适宜的生长温度为25～30℃），提早种植较为困难。种姜较不耐旱，土壤干燥之后应足量灌溉。叶片展开至3～4片时，从种姜切下之后还会长出腋芽，待根部稍膨大时即采收。（192页）

应
季
蔬
菜
种
植

五月

为直立生长的果菜类搭建支架

番茄、黄瓜、蜜瓜等需要搭建支架培育的果菜类，应提前准备支架，在种植之前须搭建好牢固的支架。先种植，等枝叶生长后搭建支架的例子也有。但是，这种情况下，好不容易制作的田垄就会被踩踏压实。并且，为了避免踩踏田垄而搭建的支架，在插入土壤时不需要花太多力气，拆除也很方便。

田垄成形之后，首先将支架深插于土中，支架交叉位置架设横向支架，并在各处添加倾斜支架，再用绳子拴紧。接着，用锄头将田垄被踩踏位置翻耕松软，同时挖出种植沟。

覆盖塑料膜时，应在搭建支架之前覆盖铺设。（228 页）

利用方便有效的保温罩

5 月初的气候格外恶劣，时而气温骤降，时而风吹雨打。为了在这种外部条件下保护好种苗，搭建大棚是最合适的，但需要耗费较多时间及成本。因此，推荐采用简易的保温罩培育。保温罩最适合西瓜、南瓜等株距大的蔬菜，但植株数量不多的话，番茄、茄子、菜椒等也能采用。

其中一种保温罩是帐篷状，在栽种的种苗上方，将竹条、钢丝等十字交叉呈弧线状立起，并盖上剪成四方形的薄膜，周围盖上土。顶部适当打开，确保透气。另一种保温罩是宫灯状，将肥料袋底部剪掉后制作成筒状，围起盖住种苗，四周用剪短的竹条支架撑起。顶部可确保透气，且容积大，可长久保温。并且，两种保温罩均有良好的防病虫害效果。（232 页）

天气变暖后开始种植秋葵

秋葵适宜在高温环境下种植，幼苗特别不耐低温，过早种植容易落叶，之后便不再生长，无法采收。在充分变暖之后种植，即使 5 月之后播种，也能度过酷热的夏季，在秋季较晚时期采收。

培育时，在 3 号育苗盆内播撒 3 ~ 4 颗种子，间苗时保留 1 株，长出 5 ~ 6 片真叶之后，按 50cm 左右的株距移栽至田地内。

叶片呈掌状裂开，每株的花数较少，也有保留 2 株培育的方法。

仔细观察叶色及花的开放状态，每半个月追肥一次，以免缺肥。果实成长快，注意及早采摘，7cm 左右长度即可采收。秋葵果柄硬，果荚软、容易压扁，应用剪刀摘取。（66 页）

摘心、修枝是黄瓜培育的关键

黄瓜生长速度非常快，藤蔓一天就会延伸好几厘米。因此，应注意修枝、诱引及摘心，且须频繁进行。

常规的搭架种植中，随着母藤蔓延伸，每隔20～30cm使用诱引扎带在支架上打结。生长高度达到150cm左右之后，对顶端实施摘心。此期间，母藤蔓的各节会长出许多子藤蔓。这种子藤蔓的第一节大多长有雌花，之后会发育成果实。但是，如放任其生长，子藤蔓会与附近的支架交叉缠绕，导致光照不足，容易引起病虫害，所以应保留2片真叶，在顶端摘心。子藤蔓还会长出孙藤蔓，与子藤蔓相同，保留2片真叶后摘心。提前在支架横向缠绕2～3段塑料绳，方便藤蔓挂靠。（32页）

秋季种植红薯的乐趣

挖红薯和采草莓，都是很受孩子们喜爱的菜园作业。如果种植面积足够，一定要试试。

5月中旬之后，园艺店开始售卖种苗。红薯宜高温种植，培育膨大红薯的适宜温度为20～30℃，通常在5月中下旬种苗较为合适。

红薯的吸肥能力极强，蔬菜田基本不需要肥料。如果肥料过多，藤蔓会疯长。特别是仅种植1～2行时，藤蔓会向外侧延伸。这种情况下，需要将延伸的藤蔓翻回田垄内，或用镰刀割掉多余部分。

覆盖塑料膜之后种植，可有效防止杂草生长，升高地温。（196页）

洋葱应在适宜时期依次采收

洋葱球的膨大与日照时长及气温有着密切关系，日照较长且气温升高时开始急速膨大。膨大完成之后叶片枯萎、进入休眠状态。到了深秋，洋葱球内开始发芽后，则不可食用。所以，洋葱球膨大之后，应依次采收。刚开始，绿叶及洋葱球均能作为富含水分的蔬菜果实食用。

膨大之后，便能品尝新鲜的洋葱。

待较多部分充分膨大之后一起挖出，吊起干燥后可长时间使用。全部植株约80%左右的叶片倒伏时，就是适宜挖出的时期。在天气良好时挖出，晾干3～5天后储藏。如没有吊挂场所，可将叶片及根部切掉后放入竹篮或网兜内，放置于通风场所保存。如放置至叶片完全干枯后采收，则无法长期储藏。（154页）

应季蔬菜种植

六月

通过人工授粉提升坐果率

雌雄异花的西瓜、蜜瓜及南瓜等通过昆虫媒介授粉、结果，但在访花昆虫非活跃的时期，花开之后大多掉落。需要在藤蔓的合适位置进行人工授粉，使其正常坐果。

人工授粉应在清晨露水消失之后及早实施，最迟也要在早上8～9点完成。首先，找出当天开花的雌花，摘取附近雄花的2～3个花梗。接着，用指尖摘除花瓣，同时注意避免折弯花梗，使中央的雄蕊露出。将其在大拇指上摩擦，确认有花粉之后，再将其在雌花的雌蕊上方仔细摩擦。如花粉较少，再用一个花梗。

如果担心雄花花期较雌花迟，可将10%左右的雄花保温覆盖，使其提前开花。

色泽诱人的茄子的管理秘诀

进入6月之后，茄子发育旺盛。本以为能够采收大量色泽诱人、形状美观的果实，可不久之后植株变得萎靡，坐果率明显下降，品质大幅降低。究其原因，可能是肥料不足、生长疲劳和病虫害等。

茄子喜肥，采收开始之后，必须半个月追肥一次。第1次在植株周围，第2次及以后沿着田垄分切出浅沟施肥，并少量覆土。之后，仔细观察坐果状态（开花中通常有30%～40%为落花），花小且颜色浅，雌蕊比雄蕊短。开始结果之后，趁果实体形较小时采收能够减轻植株负担。同时，增加施肥量，尽快使其恢复健康长势。

虫害方面，蚜虫（小麦蚜虫）会出现在顶端或下方叶片，还有土豆瓢虫蚕食叶片，天热时还会

出现叶螨、茶黄螨等。所以，应努力做好早期预防。（24页）

各色混合种植的羽衣甘蓝

羽衣甘蓝属于圆白菜的变种。叶片小，叶柄长，叶片繁茂，茎部下方粗壮，形成直径7～8cm左右的球茎。这种蔬菜并不为人熟知，但用途广泛，可用于沙拉、腌菜、汤、炖菜、炒菜等，是适合家庭菜园的一种蔬菜。

羽衣甘蓝喜冷凉气候（生长适宜温度为15～20℃），比圆白菜更耐高温或低温，是容易培育的蔬菜。并且，播种的适宜时期在3～9月，周期相当长，方便种植。

种植时，可在田地内直接播种，如数量少也可用育苗盆育苗。

也可种植于花盆、大型浅盆。将白绿色品种及红紫色品种（也有黄色品种）混合种植，令人赏心

悦目。无论任何品种，都是在菜球下半部分叶片长大之后，用剪刀从根部剪下采摘。（84页）

芋头生长期间的追肥及培土

芋头属于耐高温植物，刚开始生长慢，但进入6月后开始快速生长，土壤中的母芋向外侧分枝，增加子芋、孙芋的数量。

芋头增加之后，在培土时将侧方长出的腋芽压倒并用土埋起，就能长成一根母芋。腋芽生长之后，芋头会变得细长，口感较差。

长出5~6片真叶之后，在过道侧施撒肥料、翻耕土壤，同时在株根侧培土。每次培土的厚度为5~7cm，每隔2~3周培土2次，将土充分堆高成田垄。培土量过多，则芋头长得细长，有损品质，且采收量变少；培土量过少，则孙芋的数量增多，块茎不够膨大。

此外，遮盖时间过久会导致高温干燥，导致空芽、开裂，应注意。（198页）

番茄的诱引、修枝、摘心

培育番茄时，通常将一根主枝诱引于支架，从各叶根部长出的腋芽应及早摘除。考虑到之后植株会膨大，将茎部拴在支架时松松地绕8字。此外，摘除腋芽时不得使用剪刀，应用指尖夹住向外扯动。植株整体呈现收缩状是很严重的情况，表明病毒（烟草花叶病毒）正在通过汁液传染，应注意避免染病的汁液被转移至相邻的植株。

通常，主枝中每隔3片叶子就会长出一个花序，从上开始1层、2层、3层，结出房状的果实。只需妥善管理，甚至能采收6~7层。天气变热之后，坐果变差，容易出现病虫害，一般应按5层摘心。通常，最上层保留的花序开花时，在其上方留下2片叶子之后进行摘心。这样一来，上方的果实就会膨大。（22页）

可推迟播种的黄瓜匍匐栽培

目前，黄瓜基本通过搭建支架进行栽培。但是，还有另一种栽培方式，就是使藤蔓匍匐地面的"匍匐栽培"。由于必须弯腰作业，且长出的黄瓜颜色不均匀、形状过于弯曲等，经济作物栽培中基本已经放弃这种方式。但是，由于栽培容易，不需要耗材，且叶片覆盖地面整体，能够经受住夏季的酷热，采收期也很长。

匍匐栽培的品种使用"青长匍匐""无霜匍匐"等。6~7月中旬，按垄距2m、株距50cm左右分别播种4~5颗种子。

基肥用量为春季黄瓜的一半左右，施肥时稍避开植株正下方。藤蔓延伸之后，将3~4根母蔓及长势较好的子蔓朝着四个方向布置延伸。

追肥2次左右，在藤蔓之间施撒化肥。果实隐藏于叶片下方，采摘时仔细检查，避免遗漏。

应季蔬菜种植

七月

胡萝卜应在出梅之前播种

胡萝卜的最佳播种时期是出梅之前，也就是田地湿润的 7 月上中旬。错过此阶段后就会进入盛夏的干燥时期，发芽及之后的发育环境就会变得异常恶劣。想要胡萝卜聚齐发芽，顺利完成初期发育，有着意想不到的困难。

其中一个原因就是田地的水分状态不佳，另一个原因是幼苗时期遇到干燥、强降雨。

犁沟底面应制作平整，覆土 4 ~ 5mm，不得太厚。覆土之后，用锄头背面将土轻轻拍打压实，使土壤和种子充分混合。在其上方施撒稻谷壳、稻草碎、泥炭藓、椰壳纤维等，覆盖犁沟的表面。这是为了防止夏季气候干燥，以及防止降雨时种子流失、土壤表面固结等。（188 页）

葱深根种植的关键

到了 7 月，春播的葱苗粗达 1cm 左右时移栽至田地。从苗田中摘取葱苗时，将锄头插入株根，尽可能连着根部挖出，并摘掉葱苗下方的枯叶。按体形大小移栽，方便之后有效管理，品质也能统一。

犁沟用锄头挖出 30cm 左右深，且确保形状稳固，避免坍塌。为此，之前作物收拾完成之前不得翻耕，应在表面稳固状态下制作犁沟。

移栽葱苗时靠近犁沟一侧，尽可能垂直立起，并立即在根部附近填埋 1 ~ 2cm 厚的土壤，用脚踩实，避免葱苗被压倒。接着，在犁沟内填满稻草或干草，防止干燥。

移栽时不得施肥，待天气凉爽且健康生长之后施加追肥。（160 页）

对夏季强光及驱虫有效的"地膜覆盖"

夏季播种的柔软蔬菜（小松菜、青梗菜、菠菜等）在夏季强光条件下难以培育，且容易染上蚜虫、吊丝虫（小菜蛾）、夜盗虫等害虫。为了在这种外部条件下保护好蔬菜，建议采用"地膜覆盖"。

地膜覆盖的耗材，通常是长纤维无纺布或短纤维无纺布。这是将塑料加工成比毛发更细的纤维，并通过热熔加固而成的极细极轻的耗材（每平方米重 15 ~ 20g），质感蓬松通透，即使在作物上方直接覆盖，也不会影响其生长。

无纺布网纹不规则，但极为细密，可防止害虫入侵，只需将四周用土压实，便可起到防虫的效果。光线透过率为 75% ~ 90%，可缓和强光，实现无农药培育，且价格较为低廉。

方便实用的"花园混合莴苣"

　　叶用莴苣大致分为 3 种：结球的卷心莴苣，用于制作沙拉的半结球莴苣，以及不结球的散叶莴苣。此外，还有造型独特的皱叶莴苣、茎用莴苣，其分支品种也有很多。

　　此处推荐的是散叶莴苣中外观漂亮、口感一流的混合售卖品种"花园混合莴苣"。

　　细叶且带有深裂口的莴苣，叶片呈荷叶边状收缩的莴苣……各种绿色、红色、深绿色的莴苣种子混合装在同一个种袋内。

　　播种时注意将各种形状及颜色的种子混合搭配，间苗时也要注意混合搭配。在田地内进行种床种植，或种在花坛边缘，或种在花盆内，增添色彩。（120 页）

球芽甘蓝和杂交甘蓝的魅力

　　球芽甘蓝是在延伸的茎部长满许多小叶球，杂交甘蓝是长着小莴苣状的腋芽。这两种蔬菜的采收时期较长，三四个月内可连续采收，适合家庭菜园种植。

　　在日本关东南部以西的平坦地区，7 月上旬播种，长出 5 ~ 6 片真叶后，在 8 月下旬移栽至田地内。选择通风良好的环境，光照强时遮光，并注意遮风挡雨。杂交甘蓝的种子市场上没有售卖，可寻求幼苗进行培育。

　　为了获得体形大且紧实的优质品相，需要在基肥中施加大量的优质堆肥及油粕，并在秋季至冬季时追肥。根部附近的腋芽不紧实，应及早摘除。并且，下方叶片长出腋芽也要及时摘除，使上方的成叶保留在 10 片左右。（80 页、82 页）

遭遇大雨及台风后的管理

　　夏季至初秋正处于台风季节。大多数蔬菜茎叶柔软，根部也较弱，容易受到大雨或大风的侵害，应及早应对。

　　下雨后立即环顾田地，如有积水，则立即排水。风雨导致茎叶垂到地面或下叶溅到泥土时，应用喷壶喷水，仔细清洗干净。下雨后形成的许多伤口容易诱发病虫害，应立即喷洒杀菌剂。

　　此外，之前施加的肥料大多数被雨水冲走，应施加追肥。并且，用锄头轻轻翻耕雨水聚集的土壤表面，以防根部氧气不足。

　　刚发芽的蔬菜特别容易软化，应仔细观察。如受害情况严重，已无恢复可能，则重新播种。

应 季 蔬 菜 种 植

八 月

生菜播种的关键是温度管理

冬季采摘的卷心莴苣、散叶莴苣，最适宜的播种时期在酷热的 8 月上中旬。如果在更早时期播种，生长期的高温会导致其成熟后干枯。如果推迟播种，则不容易获得较大结球，特别是卷心莴苣。

生菜（叶用莴苣）的发芽适宜温度较低，为 15 ~ 20℃，25 ~ 30℃以上无法发芽。因此，播种之后，尽可能放置于凉爽环境下（18 ~ 20℃）使其发芽。最有效的方法是将种子提前放入水中浸泡一晚，使其吸水，之后置于冰箱或低温环境下（5 ~ 8℃）两昼夜左右，在芽稍有生长迹象时放入育苗箱内。

生菜发芽需要光照，用筛网筛出极细的土壤，稍稍盖过种子即可。覆土及灌溉之后，盖上两层报纸。为避免干燥，将育苗箱或托盘放置于通风良好的树荫等环境下使其发芽。（118 页）

沙拉中使用的美味新品种"红叶菊苣"

卷心莴苣改良而成的红紫色结球蔬菜"红叶菊苣"，呈小球粒状。最近，在餐厅的西式料理，特别是沙拉中经常见到。稍带苦味，有嚼劲，是一种美味的蔬菜。颜色容易与紫甘蓝混淆，但红叶菊苣是二十多年前引进的新品种，是菊苣的近亲。

培育方式参照卷心莴苣，8 月上中旬播种，长出 5 ~ 6 片真叶后，将幼苗移栽至田地。生长速度比生菜慢，较难培育，需要在基肥中施加足量的优质堆肥、油粕及化肥，干燥之后灌溉。移栽后 2 ~ 3 周及刚开始结球时追肥。

在日本尚未对其进行较多品种改良，无法与生菜或圆白菜等一起采收。采摘时，优先挑选结球紧实的菊苣。（124 页）

大白菜的播种及育苗

结球大白菜的球由 70 ~ 100 片叶片构成。如播种推迟，在叶片数量停止增加的花芽分化时期（气温持续在 15℃以下的关东南部以西的平坦地区为 10 月中旬），无法确保足够的叶片，难以形成紧实的结球。相反，如果提前在酷热的夏季播种，则幼苗无法健康生长，移栽至田地之后容易发生软腐病等。

关东南部以西的平坦地区，多数品种的播种适宜时期为 8 月 20 ~ 25 日。如果比此时期更迟，可选择叶片数量少但能够结球的早生品种。

选用 128 孔的育苗托盘或 3 号育苗盆，育苗会更加方便。培育数量较多可选择前者，数量较少则

选择后者。育苗天数方面，育苗托盘为 18 ~ 20 天，育苗盆为 25 天左右。（86 页）

萝卜播种的关键

及早处理之前栽种的作物，在播种前一个月整面施撒石灰，并除净阻碍根系生长的碎石、草木，进行翻耕处理。接着，在播种前半个月整面施撒油粕、化肥、堆肥等，翻耕至 30 ~ 35cm 深。

未熟透的堆肥会导致歧根，种植萝卜应使用完全熟透的堆肥。或者，为了避免未熟透的堆肥接触根部先端，应提前在堆肥中混合油粕、鱼粕等进行发酵，调制出"淡肥"，播种之后施加于植株之间。

每处播撒 4 ~ 5 颗种子，发芽之后，在真叶长出 1 片至 6 ~ 7 片的时间段内间苗 3 次左右。间苗时，留下子叶为心形且笔直生长的植株。长势异常好的，容易出现歧根。（176 页）

洋葱的播种及育苗

洋葱的播种适宜时期为 9 月上中旬（关东南部以西的平坦地区）。在此范围内，需要根据品种改变播种时期。在种苗销售店内就应确认清楚是否为特殊的早生品种。

播种时制作苗床，每平方米施撒化肥及石灰各 5 大勺，充分翻耕后将表面整平（中央部位稍稍堆高，确保排水），按 1cm 左右间隔均匀播种。

播种之后，用筛网筛选覆土 4 ~ 5mm 厚，用木板轻轻按压，再用洒水壶整面灌溉。在其上方撒一层薄薄的草木灰，再施撒完全熟透的细碎堆肥，直至草木灰被完全覆盖，最后用稻草覆盖，以防止干燥及避免受到强降雨的影响。

经过 5 ~ 6 天之后开始发芽，稻草应及早清除，并在干燥之后及时灌溉。（154 页）

秋冬采摘的茼蒿的培育方法

秋冬季节的火锅料理中不可或缺的茼蒿，即将迎来播种时期。生长适宜温度为 15 ~ 20℃，属于比较容易培育的蔬菜。不耐干燥，在湿润的田地内能够优产。此外，排水不畅会造成根系无法延伸，应将苗床堆高后培育。

犁沟宽度为锄头宽度（15cm 左右），间隔 60cm。以 1.5 ~ 2cm 间隔，在犁沟整面播种。覆土为 1cm，不得太厚，并在其上方用锄头背面轻轻拍打压实，使种子周边的土壤保持均匀。

管理只需间苗及追肥。生长过程中，将嫩的间苗采收，用于制作沙拉或菜肴装饰。

也可在真叶长出 7 ~ 8 片时粗放保留至 10cm 间隔，真叶长出 10 片时留下下方叶片，摘取主茎。之后随着芽苗生长，可继续依次采收。（130 页）

葱的追肥及培土的合理方式

在酷热夏季种植的葱，随着凉风而生长，高度延伸，粗度增加。其品质则由之后的管理方式决定。

生长中期之前须追肥，重点促进发育，培土在植株逐渐变大的生长后期进行。如果在生长初期培土过多，会抑制葱的生长（根部的氧气需求量大）。实际上，第 1 次及第 2 次追肥是将肥料施撒于犁沟的肩部，与土壤稍加混合后撒入犁沟，第 3 次开始应施撒于葱的叶鞘部位。特别是第 4 次及第 5 次的最后阶段培土，应足量培土至绿叶被稍稍埋入的程度，以形成更多软白（葱白）部分。

开始培土至叶鞘部位完全软白，冬季需要 30 ~ 40 天。所以，最后一次培土就是比预计采收期提前 30 ~ 40 天的日子。（160 页）

蜂斗菜的种植及管理的关键

蜂斗菜是为数不多的日本原产蔬菜之一，在山野中大面积野生。如果在庭院的树荫下或田地周边种植，每年也能持续采收。

适宜种植的时期为 8 月下旬至 9 月，挖出之前种植或野生的蜂斗菜的株根，在保留 3 ~ 4 节地下茎的状态下切离，以此作为种根。园艺店内也有少量袋装成品，季节合适的话是可以购买的。

种植地面应提前施撒石灰，并充分翻耕。种植时，以 50 ~ 60cm 间隔挖沟，在基肥中施加堆肥、油粕之后将土回填，以 30cm 间隔横向放置种根，并覆土 3 ~ 4cm。

蜂斗菜不耐干燥，第二年的夏季应铺设稻草，干燥严重时可灌溉。春季至秋季，在过道侧施撒 3 ~ 4 次油粕。细根攀附较浅，施撒时避免弄伤根系。（144 页）

栽培可连续切取的分葱

在夏季至初秋植入细长的小球根，每株可长出 10 ~ 20 根细葱。加入普通的基肥，插入球根（顶部稍稍露出地面）即可，不需要太复杂的管理，是种植极其轻松的蔬菜。

连根拔起只能采收一次，有些浪费。也可分次切取，长时间利用。方法说起来也很简单，每次切取时地上部分保留 3 ~ 4cm 左右即可。葱类均是如此，切口会立即长出新叶，不久之后就能培育出与原先相似的叶片。

如果是稍温暖的地区，11 月至次年 4 月可轻松采收 4 ~ 5 次。为了持续采收优质的分葱，应在植株之间施加油粕和化肥（每株各 2 ~ 3 撮），并用竹筒铲轻轻搅拌均匀。

5 月进入休眠期，可获得下一次种植的种球。（164 页）

应季蔬菜种植

品种改良使油菜种植更方便

　　带有独特苦味的油菜，栽培时利用了十字花科蔬菜的花蕾。所以，从秋季至春季，蔬菜店内总会摆放一些整齐剪成长 10cm 左右成捆包装的油菜。油菜最早是千叶县房州的特产，但近期随着早熟、晚熟、多分枝性、耐病性（根肿病）等品种改良技术的进步，家庭菜园也能方便栽培。

　　播种在 8 月中旬 ~ 10 月上旬进行。基肥中充足施用优质的堆肥，连同豆粕、化肥一起翻耕。建议使用 128 孔的育苗穴盘进行育苗（穴盘苗），也可直接播种于田地。此外，播种时确保株距充裕，以采收更多优质蔬菜。

　　在狭窄田地或容器（花盆等）中栽培时，先在土壤整面撒上种子，之后分次间苗使最终株距达到 30cm 左右、花蕾能够露出的程度。

　　此外，油菜容易遭受蚜虫、吊丝虫（小菜蛾）等虫害，应尽力做好初期防治。（98 页）

能够连作的强健蔬菜小松菜

　　小松菜从原有的芜菁分化而来，是具有悠久历史的腌渍菜的代表品种，耐寒耐热，基本可全年栽培。并且耐病虫害，是一种基本不会因连作而引起土壤病害的强健蔬菜。在狭窄田地或容器（花盆等）中也能栽培，管理同样轻松，是值得推荐给初学者的蔬菜品种。

　　9 ~ 10 月是最容易培育的时期，播种之后 25 ~ 30 天即可采收。在日本关东地区，为了能够在需求最旺盛的元旦采收，露地栽培条件下须预估 60 ~ 70 天的生长周期。

　　发芽的最佳温度为 25℃，但实际可发芽的温度范围较宽泛，7 ~ 8℃ 条件下只需几天也能发芽。因此，在较温暖地区，只需盖上塑料大棚，在冬季也能栽培。此外，在害虫活跃期，建议采用"直接盖膜"方式。（90 页）

少量栽种就能长期采收的莴苣

　　莴苣与皱叶莴苣是近亲，近年来在超市的蔬菜卖场中经常能够见到，具有不易破裂的独特叶质，适合用来包烤肉和刺身。

　　在日本，植株通常保留，使用时仅采摘 2 ~ 3 片叶子，可长时间采收。适合家庭菜园栽培，也可在阳台的花盆内或庭院前小空地等栽种几株，在

家就能随时品尝新鲜的美味。

　　培育方法参照生菜，8 月中旬之后播种，真叶长出 4 ~ 5 片时定植。为了长时间采收，应充分施加优质的堆肥、油粕、化肥，采收过程中每 2 ~ 3 周施加一次化肥及油粕，根据情况施加液肥，能够采收许多叶色漂亮的莴苣。（122 页）

洋葱的种植及施肥

9 月播种的洋葱苗高度达到 20 ～ 25cm、直径达到 4 ～ 5mm 时，即可移栽至田地内。如未播种，可向园艺店预订，购得优质的苗。

洋葱种植的关键在于进入冬季之前使根系充分伸开，到了春季才能长势良好。因此，应多施加对根部发育有益的磷酸。

条播在犁沟内，种床则整面翻耕，将化肥、过磷酸钙或钙镁磷肥作为基肥施加。如果将堆肥等较粗的有机物施加于根部，反而会阻碍生长，与其他蔬菜的特性大为不同，应注意。

种植后，严寒期之前进行第 1 次追肥，初春开始繁茂生长时进行第 2 次追肥。如追肥延迟，氮元素无法及时在生长旺盛时期发挥作用。（154 页）

播种适宜期存在地域差异的蚕豆

蚕豆的最佳播种时期因地域而异，越温暖的地区播种越早，寒冷地区则需要延迟。大致来说，温暖地区为 10 月上旬，适宜温度地区在 10 月中下旬，高原寒冷地区宜 2 月播种，度过寒冷时期之后开始生长。

蚕豆的种子即便很大，发芽状况仍难以预料，其中也会有不发芽的。为了使其发芽，只能在播种时深埋。但是，如果埋得太深，可能导致氧气不足。此外，根据种子的方向，出芽的方式也会有所变化。

实际上，播种时将黑色"种脐"倾斜向下插入，相反侧就会隐藏于土壤中。容易干燥的土质稍稍深埋，相反侧埋入土壤中 1cm 左右。播种之后用手按压，使种子紧密贴合土壤。（64 页）

极受欢迎且培育也很简单的日本芜菁

"京都蔬菜"之一的日本芜菁，为了培育成大植株（叶片数量达数百片以上），9 月中旬左右播种及育苗，10 月中旬长成 4 ～ 5 片的苗，在已充分施加基肥的田地内，以垄距 70cm、株距 35 ～ 40cm 进行移栽。随着天气变冷，口感也会更好，所以常用于冬季的日式料理。

最近，消费量逐渐增多的小型日本芜菁可在一年中随时播种。培育方式是以垄距 70cm 制作锄头宽的犁沟，在犁沟一面播种，发芽后依次间苗。

真叶长出 2 ～ 3 片时使其达到 6 ～ 8cm 的最终株距。体形小的间苗菜也能被利用。幼小状态下看似柔弱，长势却意外地好，很容易培育。注意充分堆肥，避免缺肥。（114 页）

芋头的采收及储藏

芋头进入初冬会遇到 1 ~ 2 次薄霜，叶片开始霜枯时适宜采收。如果采摘延迟，芋头品质会因天气寒冷而变差，口感不够软糯。

采收时，首先用镰刀在离地 3 ~ 4cm 高处割断叶柄，将锄头插入堆高的田垄侧面。为了高效采收子芋及孙芋，挖出植株整体，集中于一处，可以从侧面用啤酒瓶等用力拍打植株。

为了能在第二年春季使用芋头，在排水通畅的位置挖出深 50 ~ 60cm 的洞，在芋头未脱离植株的状态下，将芋头切口朝下重叠埋入，上方用蚊帐或麦草覆盖，最后盖上土。如果是关东南部以西的温暖地区，只是为了保存种芋，可不挖洞，在田垄上方堆更多土，将种芋放上储藏即可。（198 页）

芦笋的冬季管理

芦笋是寿命很长的蔬菜，想要采摘大量品质优良的嫩芽，冬季的正确管理至关重要。

首先，天气寒冷时茎叶完全变黄，应及早贴着地面用镰刀割下，拿到田地外烧掉。茎叶是芦笋的大敌，可能导致茎枯病或斑点病。此外，在田垄两侧挖沟，施加堆肥、油粕等有机物，将土堆高成田垄进行防寒。在寒冷地区，增加培土量。

越冬后的 3 月左右，需要将较多的培土进行"培土还原"，除掉多余的土，以免影响萌芽。此时，作为春季追肥，在田垄之间施加缓效性的化肥及油粕等。经过数年后株根过密，须在冬季进行分割及整理，或移栽至其他田地，使其恢复健康。（172 页）

越冬蔬菜的防寒对策

冬季降霜之后温度低，除小部分冬季蔬菜以外，已无法采收优质的蔬菜。并且，冬季至早春，由于温度不足，播种之后蔬菜基本不发芽。在这种苛刻条件下，想要增加蔬菜种植的乐趣，各种防寒耗材不可或缺。

防寒耗材包括：①无纺布、网等透气性耗材，②塑料膜，③塑料罩，④天然细竹及苇棚。防寒耗材的作用：①主要针对采收期的娇弱蔬菜，延长采收期，防止枯叶等；②用于早春之后播种的蔬菜的发芽、初期生长的助长，以及草莓等蔬果的生长促进；③用于苗床的夜间保温；④主要用于生长中的蔬菜的防霜。使用方法各有不同，效果也有所差异。推荐使用盖上就能发挥作用的①。（229 页）

应季蔬菜种植

十二月

大白菜防寒的方法

变硬结球后可食用的大白菜如果一直放在田地里，遇到严酷的降霜或寒风时，顶部的柔软叶片及外叶就会变得干硬，不久便会腐烂，无法食用。所以，如有未采收的，应实施防寒对策。

最简单的方法就是在降霜开始时，将植株的外叶包住立起（形成球状），并用塑料绳在上方拴紧。大白菜长势较好时叶片容易折断，不方便采用这种拴绳的方法，应在开始降霜之后进行。如果有无纺布等覆盖材料，可直接盖在大白菜顶上，并固定好避免被风吹走。不宜使用塑料膜材料，因为日光强烈时大白菜的顶部容易受到高温危害。

采收之后储藏时，可以选择通风良好的作业房的屋檐下或树林及竹林等无降霜的场所，将大白菜顶部朝下立起放置。

（86页）

剩余种子的妥善储藏方法

种子在当季未用完，需要想办法储藏的情况并不少见。而且，说不定其中也有一些好不容易才获得的珍贵种子。如未妥善储藏，第二年的发芽率就会降低不少。为了确保种子第二年能够正常发芽，需要在合适的条件下储藏。

发芽率之所以降低，是由于种子呼吸消耗或病原菌等。为了防止这些问题出现，保持干燥状态是首要条件。只要环境湿度控制在30%，就能让发芽率降低。而且，温度最好也要尽可能低。

较为简便的方法是准备空的茶叶罐或其他罐子，并将经过日光充分照射干燥后的种子及干燥剂（硅胶干燥剂）等一起放入罐内，再用胶带缠绕密封，放在阴凉场所储藏。

增加土壤养分的堆肥适宜在冬季施加

土壤养分就是土地的生产能力。土壤养分会随着种植次数的增多而不断消耗，需要持续增强养分，最基本的方法就是堆肥，使土壤形成团粒结构，改善蓄水及排水能力，还能增添富含微量元素的肥料。并且，以肥料作为饵料的微生物可分泌激素促进植物根部生长、抑制病原菌等，有利于形成对病虫害的抵抗力。

堆肥的材料中，稻草、落叶、枯草、家畜粪便等必不可少。这些材料中含有糖类、蛋白质，被微生物分解之后形成堆肥。堆肥就是创造出方便微生物活动的条件。

在材料中施加水、氮源（油粕、鸡粪、硫酸铵等）并压实，形成约30cm厚的堆肥层，堆高成多层，加速堆肥。

100种蔬菜的培育方法

2

○肥料等分量参考标准。

"1大勺"是指咖喱勺满满一勺的分量，化肥约12g，油粕约10g，石灰约20g，过磷酸钙约12g；此外，"1小勺"为1大勺的一半。（完全腐熟）堆肥的"1把"约为100～130g；"1撮"约3～4g。

○本书种植时期以日本关东及关西的平坦地区为基准。

番茄

番茄是一种营养丰富、用途广泛的蔬菜。喜强光，易感染病虫害，所以选择光照、通风均良好的环境培育是关键。此外，施肥及日常管理方面，也需要种植者掌握更多蔬菜种植的技术。

○品种　大型品种有"桃太郎""丽夏""Sun Road"，小型品种有"Sun Cherry""圣女果"。此外，颜色还分红色、黄色等品种。

○栽培的关键　苗木店内售卖的苗大多为小苗，直接种植于田地难以保持良好长势，第一花序不易坐果。第一花序凋落之后，生长变得混乱，导致坐果不良。因此，应移栽至稍大的花盆内，培育成大苗之后移栽至田地内，使第一花序能够正常结果。

但是，小番茄可直接以小苗种植。追肥在第一果膨大至直径 4 ~ 5cm 之后。注意及早采摘腋芽。此外，应及早发现及防除病虫害。

栽培日程

	1月	2	3	4	5	6	7	8	9	10	11	12	
													大棚栽培
													露地栽培
													高原寒冷地区抑制栽培

●播种　○移栽　⌢搭建大棚　▬采收

1 育苗

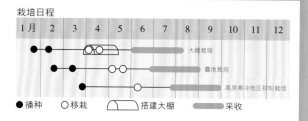

购买成品苗
买来时大多为简易育苗盆，应换盆后重新育苗。

补充优质的育苗土。

4 ~ 4.5 号盆

自家育苗
在育苗箱内条播，温度保持在 25 ~ 28℃。

真叶长出 1 片时移栽至 4 号盆。

培育完成的苗。真叶 8 ~ 9 片，开 1 ~ 2 朵花。

2 整地

（每株用量）
堆肥 3 ~ 4 把
油粕 4 大勺
化肥 2 大勺

田垄高 15 ~ 17cm
排水条件差或土壤密度大的田地应尽可能堆高田垄。

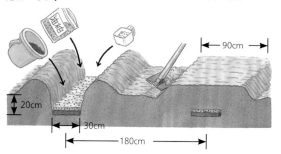

20cm
30cm
90cm
180cm

3 搭建支架及移栽

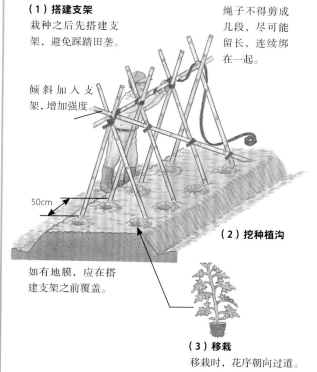

（1）搭建支架
栽种之后先搭建支架，避免踩踏田垄。

绳子不得剪成几段，尽可能留长，连续绑在一起。

倾斜加入支架，增加强度。

50cm

（2）挖种植沟

如有地膜，应在搭建支架之前覆盖。

（3）移栽
移栽时，花序朝向过道。

4 诱引及发芽

为避免妨碍茎部生长变粗，应宽松绕8字绑起诱引。

在腋芽较小时，用指尖摘除。病毒可能通过汁液传染，不得使用剪刀。

5 坐果处理

大型番茄只要喷洒激素就能正常坐果。番茄营养液稀释50~100倍（高温期加大稀释倍数）。小型番茄可放任生长。

每个花序开1~2朵花时，用喷壶简单喷洒1~2次。喷洒时，注意避免喷到顶端的嫩芽。

虽然不及激素的效果好，但是通过棍棒敲打也能稍微沾到花粉。

6 追肥及喷洒药剂

第1次追肥
果实长至高尔夫球大小时

第2~3次追肥
第1次之后间隔15天

（每株用量）
化肥 1大勺
油粕 2大勺

药剂及早喷洒，做好早期防治。

挖浅沟施肥，之后在田垄侧培土。

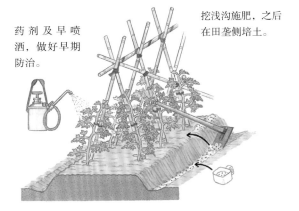

7 摘心及摘果

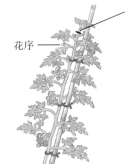

花序

保留收获目标层数的上方2片叶子之后摘心。最上层的花序开花时，适宜摘心。

目标层数
大型番茄
熟练种植者 6~7层
一般 5层
小型番茄
尽可能多留层数

每个花序保留4~5个，顶端的果实摘除。

摘掉形状不好的果实。

8 采收

开花后约60天（夏季为35天）上色。完全成熟后采收，品尝新鲜美味。小型番茄容易裂果，应及时采收。

茄子

用途广泛的蔬菜，腌渍、炒、煮、蒸、生吃都可。想品尝新鲜采摘的色泽诱人的蔬果，只有家庭菜园才能实现。只要管理得当，7月下旬进行修枝，能采收至中秋。

○**品种** 长椭圆形的"千两二号""黑帝"及长条形的"筑阳"等品种具有代表性。地方品种也有很多，"水茄子""小圆茄子""庄屋大长""仙台长"等较适合种植。

○**栽培的关键** 属于耐高温性植物，切勿提前种植。早种时，须使用大棚或保温罩，做好保温措施。喜好多肥，注意基肥及追肥，避免缺肥。此外，注意修枝及摘除过密的枝叶，确保果实受到充足光照，促进上色。

时常观察叶色、开花状态、花形等，如发现植株营养不良、长势不好、果形不一等，先摘掉嫩果使其恢复肥力，之后通过追肥补充养分。

栽培日程

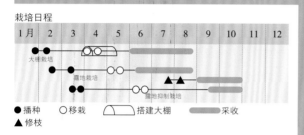

1月	2	3	4	5	6	7	8	9	10	11	12

大棚栽培
露地栽培
露地抑制栽培

●播种　○移栽　⊃搭建大棚　▬采收
▲修枝

1 育苗

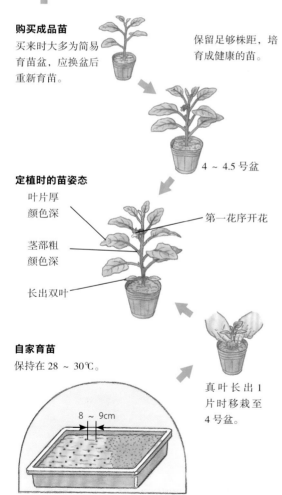

购买成品苗
买来时大多为简易育苗盆，应换盆后重新育苗。

保留足够株距，培育成健康的苗。

4 ~ 4.5 号盆

定植时的苗姿态

叶片厚颜色深

茎部粗颜色深

长出双叶

第一花序开花

自家育苗
保持在 28 ~ 30℃。

真叶长出 1 片时移栽至 4 号盆。

8 ~ 9cm

以 0.5 ~ 0.8cm 间隔播种。

2 整地

（每株用量）
堆肥 3 ~ 4 把
油粕 3 大勺
化肥 1 大勺

基肥沟的上方堆土起垄。

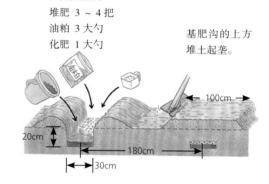

100cm
20cm
180cm
30cm

3 移栽

选择天气温暖的晴天移栽至田地。

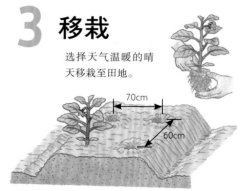

70cm
60cm

覆盖黑色塑料膜，有助于地温上升、保湿、防止杂草生长，并且能够防止肥料流失。

4 搭架及诱引

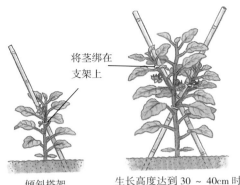

将茎绑在
支架上

倾斜搭架。

生长高度达到 30 ~ 40cm 时，
交叉搭建一根。

5 整枝

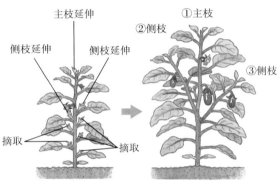

主枝延伸

侧枝延伸　　侧枝延伸

①主枝

②侧枝

③侧枝

摘取　　　　摘取

第一花序正下方
及其下方长势良
好的侧枝延伸。

修枝成 3 根的效果图
叶片过密时，将老叶摘除后
改善通风条件，避免果实无
法接受足够的光照。

6 病虫害防除

容易出现蚜虫、土豆
瓢虫、叶螨等。注意
叶色，发生初期应在
叶片正反面仔细喷洒
药剂。

7 追肥

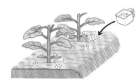

第 1 次追肥
（每株用量）
化肥 1 大勺
在距离株根约 10cm 处稍稍施
入。如有覆膜，用指尖开孔后
施入。

第 2 次及之后的追肥
（每株用量）
油粕 2 大勺
化肥 2 大勺
15 ~ 20 天一次，
观察营养状态施肥。

（锻炼营养诊断的眼力）

健康发育状态
花的上方长着
几片叶子。

健全花（长花柱花）

颜色深

花药（雄蕊）

花柱
（雌蕊）

雌蕊比雄蕊更长。

营养不良的发育状态
顶端开花。

发育不良的花（短花柱花）

颜色浅

被花药包围的短花柱
雌蕊比雄蕊更短。

8 采收

开花后 15 ~ 20 天。
长大后用剪刀剪下。
一次采收较多时，先采摘较小的果实，减轻植株的负担。

9 修枝

修枝之前

发现长势不好时，修剪大
量枝叶，施加堆肥之后恢
复长势，实现秋季采摘。

（每株用量）
完全腐熟堆肥 3 把
化肥 2 大勺
用锄头或铲子在植株周围挖深
沟，并施肥。

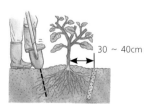

30 ~ 40cm

菜椒

辣椒的近亲，但没有辛辣味，果形更大，富含维生素C及胡萝卜素，是生命力顽强的果菜。容易培育，可经受夏季酷热，也能适应秋季逐渐变凉的气候，降霜前可一直收获。

○品种　绿色品种中，包括"ACE""京丰""锦"等。菜椒引进之前，小果形的甜辣椒"狮子唐""伏见甘长""翠臣"等均由日本土生品种改良而成。利用方法不同，但培育方法相同。

○栽培的关键　耐高温（夜间适宜温度18～20℃），从育苗至定植成活期间如遇低温，发育情况会变得极差。因此，应注意苗床的保温及加温，并在天气变暖之后移栽。

茎部细弱，不耐风吹，特别是果实较多时容易折枝，应搭架及诱引。进入发育旺盛时期，会长出许多果实，须采摘嫩果，恢复植株生机。容易出现蚜虫、土豆瓢虫，应及早喷洒药剂。

栽培日程

1月	2	3	4	5	6	7	8	9	10	11	12

大棚栽培

露地栽培

● 播种　　○ 移栽　　⌒ 搭建大棚　　━ 采收

1 育苗

自家育苗

在育苗箱内以4～5cm间隔条播。

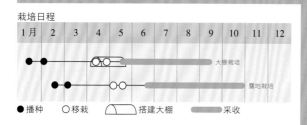

长出1片真叶时移栽至4号育苗盆。

定植时苗的姿态

育苗至花开1～2朵，长成大苗且气温回暖之后移栽至田地内。

购买成品苗

补充新土。

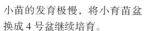

小苗的发育极慢，将小育苗盆换成4号盆继续培育。

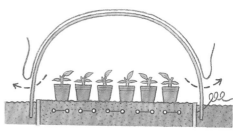

用大棚对苗床实施保温时注意换气，避免白天光照强烈时温度达到35℃以上。发芽期保持温度在28～30℃。发育期保持地温在22～25℃，气温15～30℃。

2 施加基肥

（种植沟每米用量）
油粕 7大勺
堆肥 3～4把
化肥 5大勺

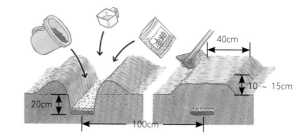

40cm

10～15cm

20cm

100cm

3 移栽

覆膜之前充分浇水。

移栽之前 2 ~ 3 天，田地充分浇水，田地整面覆盖塑料膜，升高地温。

用剃刀划出十字切口。

4 修枝及搭架

① 主枝
② 侧枝
③ 侧枝

下方先长出的侧枝应剪掉。

与茄子相同，保留主枝＋侧枝＋侧枝，共3根。

菜椒的枝叶柔弱，容易被风吹折断，须及早搭架。

修枝成 3 根的效果图

发育过程中及时增加支架，固定枝叶。

诱引
为了不妨碍茎部变粗，宽松绕 8 字绑起。

5 追肥

第 1 次
移栽后 10 天
（每株用量）
油粕 2 ~ 3 撮

第 2 次
第 1 次之后 2 天
（每株用量）
化肥 1 大勺
油粕 1 大勺
距离株根 10cm 左右

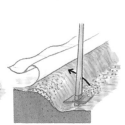

第 3 次
第 2 次之后 20 天
与第 2 次用量相同
距离株根 10cm 左右

掀起塑料膜施肥，用锄头将过道的土翻松，堆成田垄。

6 采收

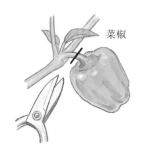

菜椒

结果太多、生长状态变差时，摘掉嫩果之后恢复活力。

甜辣椒

5 ~ 6cm

及时采收小果是获取更多良品的秘诀。

即便长得很大，只要合理烹饪，也很美味。

27

彩椒

○品种 分为"Paprika""日本椒""楔形或小型椒"等品种群，种类多样。家庭菜园中，适宜种植中等果形的"Senorita Red""Senorita Orange""Senorita Gold""Gold Bell""Wonder Bell"（红）和长条形且颜色多样的"香蕉菜椒"等。市场售卖的种苗大多简单称作"彩椒"，购买时应询问清楚。最为稳妥的方法就是通过产品目录介绍购买，并自己育苗。

○**栽培的关键** 依据普通的菜椒培育方法进行培育。但是，完全成熟至上色需要较长天数（即使盛夏时节，也要等到开花后 40 ~ 50 天），所以比普通的菜椒更难种植。因此，关键应施加足量基肥，定期追肥，避免缺肥。此外，大型果品种容易折枝，应搭架及诱引，并及时摘果，限制果数。

栽培日程

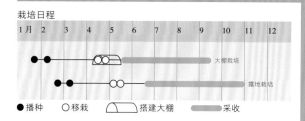

●播种　○移栽　⌒搭建大棚　▬采收

1 育苗

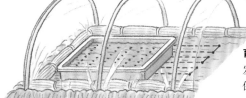

育苗目标温度
发芽期温度应保持在 28 ~ 30℃，发育期地温应保持在 22 ~ 25℃，气温应保持在 15 ~ 30℃。

注意换气，避免白天光照强烈时气温超过 35℃。

真叶长出 1 片时，移栽至 4 号育苗盆。

购买成品苗

换大盆，补充新土。

茎部粗壮、结实。

健康生长的苗

2 施加基肥

（每株用量）

堆肥 2 ~ 3 把
油粕 2 大勺

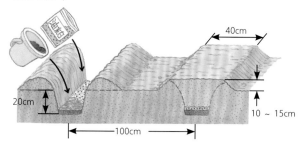

40cm

20cm

10 ~ 15cm

100cm

3 移栽

覆膜之前充分灌溉。

移栽之前 2 ~ 3 天，充分浇灌田地，田地整面覆盖塑料膜，增加地温。

为了早收，移栽后可搭建大棚。

用剃刀划出十字切口。

4 搭架及诱引

保留主枝及长势较好的 2 根侧枝，培育 3 根植株。

彩椒的枝叶柔弱，容易被风吹折断，须及早搭架。

为了不妨碍茎部变粗，宽松绕 8 字绑起。

发育过程中及时增加支架，固定枝叶。

5 追肥

第 1 次（每株用量）
化肥 1 小勺
油粕 1 小勺

花开时，对塑料膜的开孔处施肥。

**第 2 次
（每株用量）**
化肥 1 大勺
油粕 2 大勺
掀起塑料膜施肥，用锄头将过道的土翻松，堆成田垄。

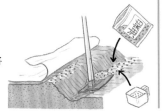

第 3 次及之后
依据第 2 次的要领，以 15 ~ 20 天一次的标准施肥。

6 灌溉及铺设稻草

出梅之后，在覆膜上方铺设稻草，防止地温上升过度。

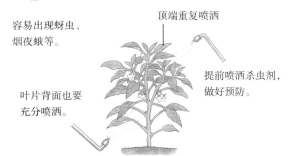

不耐夏季干燥，干燥的田地应时常灌溉。

7 害虫防除

容易出现蚜虫、烟夜蛾等。

顶端重复喷洒

提前喷洒杀虫剂，做好预防。

叶片背面也要充分喷洒。

8 采收

完全成熟的果实呈红色、黄色或橙色，口感甜美。除此之外，还有褐色、黑色、紫色及白色。

辣椒

用于增添辛辣味的蔬菜，在酷热或严寒天气时能够使人充满活力，且具有防腐杀菌作用，是历史悠久的重要蔬菜。

○品种　干果用于香辛料的品种包括"鹰爪""本鹰""塔巴斯科"等，使用叶片的品种包括"伏见辛""日光辣椒"等。其中，"伏见辛"的未成熟果可食用。此外，还有许多色彩丰富的观赏品种，用途广泛。

○栽培的关键　属于耐高温蔬菜，生长适宜温度为 25 ~ 30℃，应在天气充分变暖之后种植。能够经受秋季低温，可采收或观赏至深秋。

根部纤细，不适应低温及过湿环境。所以，应在基肥中充分施加优质堆肥，并覆盖塑料膜升高地温，注意促进初期生长。此外，降雨后应注意排水，避免田内积水。

茎部细，容易被风吹倒，应在长出许多果实之前搭架。

栽培日程

1月	2	3	4	5	6	7	8	9	10	11	12

●播种　　○移栽　　▬采收

1 育苗

白天温度控制在 20 ~ 30℃，夜晚为 15℃以上。地温保持在 25℃左右。

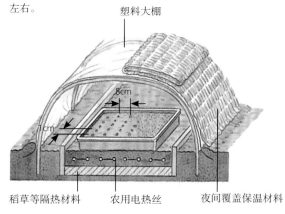

塑料大棚
8cm
1cm
稻草等隔热材料　　农用电热丝　　夜间覆盖保温材料

真叶长出 1 片时，移栽至 3 号盆。

属于耐高温蔬菜，发育较慢，所以育苗相当难。通常，建议购买成品苗种植。

长成的苗，真叶 6 ~ 7 片。

2 施加基肥

（田垄每米对应用量）
化肥　3 大勺
油粕　5 大勺
堆肥　3 ~ 4 把

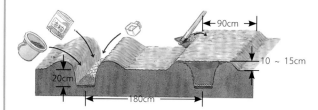

90cm
20cm
10 ~ 15cm
180cm

3 移栽

覆膜之前，充分灌溉。

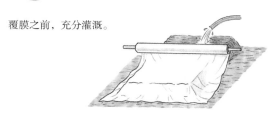

移栽之前 2 ~ 3 天，充分浇灌田地，田地整面覆盖塑料膜，升高地温。

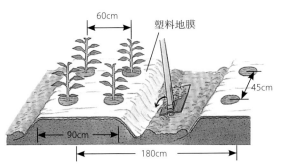

塑料膜边缘用土压紧。

4 搭架及修枝

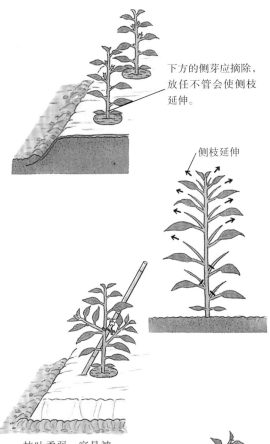

下方的侧芽应摘除，放任不管会使侧枝延伸。

侧枝延伸

枝叶柔弱，容易被风折断或吹倒，应提前搭架。

侧枝　主枝
绑起　侧枝

5 追肥

第 1 次
定植后半个月在植株周围施撒肥料，并与土壤稍加混合。

花开时，每株施撒 2 ~ 3 撮油粕，对塑料膜的开孔处施加。

第 2 次及之后
（每株用量）
油粕 3 大勺
化肥 2 大勺

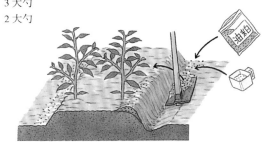

第 1 次之后，以 15 ~ 20 天一次的频率，对田垄两侧施撒肥料，与土壤混合后堆至田垄。

6 采收及储藏

叶用辣椒
果实长大至 4 ~ 5cm 时，连着植株挖出采收，揪下叶片，用于煮菜或腌菜等。

成熟果
开花后 50 ~ 60 天，果实上色成大红色时，连着植株挖出采收。

挂在房檐下使其干燥，制成干果后可随时使用。

黄瓜

有清爽的绿色及香味，还有脆嫩的口感，让人喜爱。不耐干燥，不抗风，管理培育时应注意应对。

○品种　"南极一号""北星""夏凉""Status"等，都是容易培育的代表品种。还有口感好的品种，包括"近成四叶""幸风""四川"等。

○栽培的关键　容易发生土壤病害，特别是蔓枯病，但使用嫁接苗（还可连作）就不会产生这类问题。这种蔬菜的根部需氧量非常大，应注意施加优质的堆肥，避免缺肥。

生长非常快，尽可能在附近培育，并注意诱引、及时摘心。如果觉得管理太过烦琐，可采用低支架培育。

观察生长状态及坐果数量，调整采收大小也是关键。如坐果较多，应趁果实较小时采收，减轻坐果负担，使生长状态恢复。

栽培日程

	1月	2	3	4	5	6	7	8	9	10	11	12
大棚栽培（育苗）												
保温罩栽培（直接播种）												
露地栽培（育苗）												
露地栽培（直接播种）												

●播种　●移栽　⌒搭建大棚　▨采收
∧¨∧覆盖保温罩

1 育苗

在 3 号育苗盆中播种 3 颗种子。

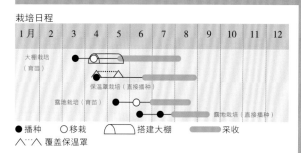

真叶长出 1 片时留下一棵植株。

培育成真叶长出 3 ~ 4 片的苗。

使用大棚对苗床实施保温时，白天应注意换气，避免棚内温度超过 30℃。夜间盖上草帘，寒冷地区进行电热加温。

购买成品苗时，购买真叶长出 3 ~ 4 片的成品苗进行培育。

2 整地

（每平方米用量）

油粕 5 大勺
堆肥 5 ~ 6 把
化肥 3 大勺

整面施撒基肥，用锄头充分翻耕至 15 ~ 20cm 深。

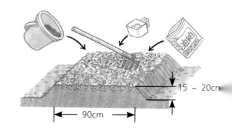

15 ~ 20cm

90cm

将过道的土堆高在田垄上，并整平。

使过道变宽。

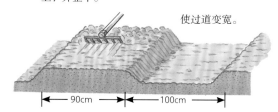

90cm　　100cm

3 搭架

常见支架
搭建支架后，挖种植沟。

低支架
搭建方法简单，适合庭院种植。

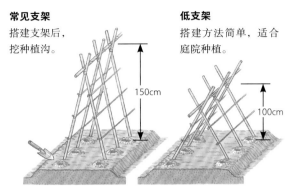

150cm

100cm

侧面绑上 2 ~ 3 层支撑侧枝的塑料绳。

4 移栽

在植株周围充分灌溉。

从育苗盆中取出植株（避免根部损坏），进行移栽。

50cm

70cm

5 诱引

常见支架
藤蔓延伸极快，应及早诱引，避免垂下。

延伸的子蔓诱引至塑料绳上。

主枝摘取保留至 1.5m 左右高。

低支架
母蔓、子蔓及孙蔓均不摘心，任其延伸。

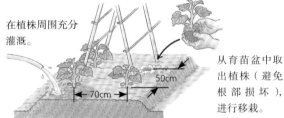

母蔓
摘心
子蔓
子蔓
摘心

子蔓、孙蔓保留 2 片真叶，顶端摘心。

垂下之后只需将藤蔓挂在支架或绳子上，无须摘心。

6 病虫害防除

叶片长出角斑的"霜霉病"是最为严重的病害，在发育较差的植株及不健康的叶片中经常发生。

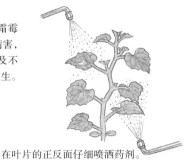

在叶片的正反面仔细喷洒药剂。

7 追肥

（每株用量）
油粕 1 大勺
化肥 1 大勺

每隔 15 ~ 20 天追肥一次，避免缺肥。仔细圈定根部生长的范围施肥是关键。

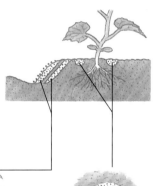

第 2 ~ 3 次挖浅沟，施肥之后将土堆高于田垄。
第 4 次在苗床的两侧施撒。

第 1 次在植株周围施肥，与土壤稍加混合。

8 采收

幼果至大果均能食用，根据喜好及生长状态，管理果形大小。

雄花
用于菜肴的装饰

花开
刚开花的状态

乳瓜
长 10 ~ 12cm。

通常大小
长 22 ~ 23cm，重 100 ~ 120g。
再长大些，可用来腌制泡菜。

南瓜

富含胡萝卜素及维生素，营养丰富的健康蔬菜。生命力极其顽强，吸肥力强，少量施肥即能健康发育，还不易出现连作危害，是最容易培育的果菜类之一。但是，生长体积较大，不适合在狭窄田地内种植。

○品种　大致分为日本种、欧美种、观赏种。黑皮的"会津早生""宫崎早生"，白皮的"白菊座"，外皮带有疙瘩的"缩缅"，均为日本种。目前，主要种植的"惠比寿""宫""近成芳香"等是由欧美种改良而成。

○栽培的关键　果菜类之中最耐低温、高温的蔬菜，且具有较强的耐土壤病害的能力，在贫瘠土地中也能健康生长。相反，在多湿环境下容易发生病害，特别是在多肥状态下会出现藤蔓枯黄、难以坐果的情况，应改善排水条件，注意不得施肥过多。

藤蔓延伸快，注意生长初期的修枝及诱引，注意保持藤蔓均匀，避免过密。在访花昆虫较少的时期提前开花时，应通过人工授粉使其坐果。

栽培日程

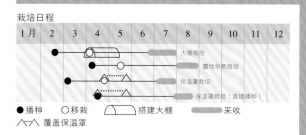

●播种　○移栽　⌒搭建大棚　　采收
⋏⋯⋏ 覆盖保温罩

1 育苗

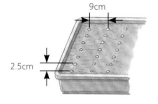

覆土 1cm 左右，并从上方轻轻按压。

真叶长出 1 片时，移栽至大盆。

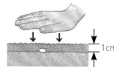

健康培育的苗，真叶长出 4 ～ 5 片。

如果数量少，直接播种于花盆内也能轻易培育。

真叶长出 1 片时，保留 1 株。

试着转动挖出根部整体，土壤不易松脱的状态最佳。

早期搭建塑料大棚，夜间覆盖草帘，尽可能保温。

2 施加基肥及起垄

（田垄每米用量）

油粕 5 大勺
堆肥 4 ～ 5 把

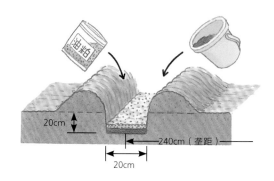

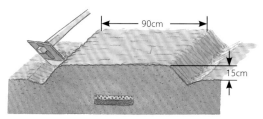

回填基肥沟，制作苗床。

3 移栽

移栽之后，在植株周围充分灌溉。

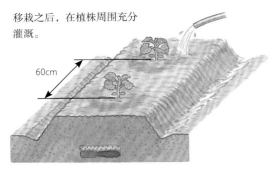

60cm

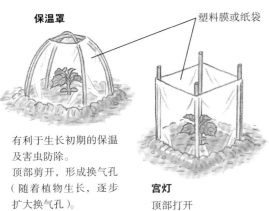

保温罩

塑料膜或纸袋

有利于生长初期的保温及害虫防除。
顶部剪开，形成换气孔（随着植物生长，逐步扩大换气孔）。

宫灯
顶部打开

4 修枝

1 根母蔓、1 根子蔓延伸，其他子蔓剪掉。

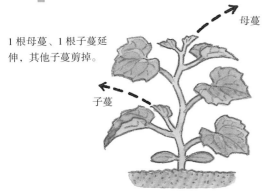

母蔓

子蔓

藤蔓布置于田垄两侧，垂直于田垄，防止过密。

用竹筒铲等插入固定。

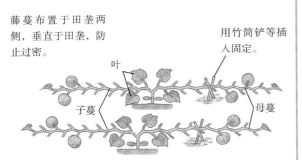

叶

子蔓

母蔓

5 追肥

第 1 次
藤蔓长 50 ~ 60cm 时，在田垄两侧施加化肥。
（每株用量）
化肥 2 大勺

第 2 次
果实长至茶碗大小时，在植株之间施撒少量肥料。

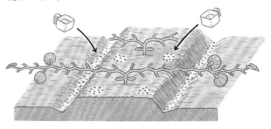

6 人工授粉

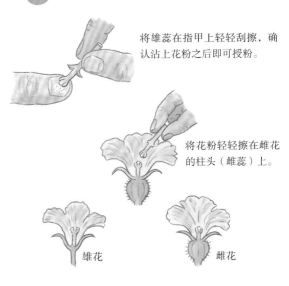

将雄蕊在指甲上轻轻刮擦，确认沾上花粉之后即可授粉。

将花粉轻轻擦在雌花的柱头（雌蕊）上。

雄花

雌花

7 采收

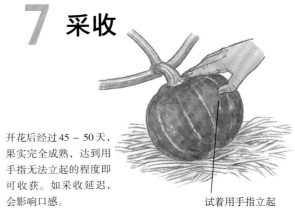

开花后经过45 ~ 50天，果实完全成熟，达到用手指无法立起的程度即可收获。如采收延迟，会影响口感。

试着用手指立起

西葫芦

小南瓜的一种，长到黄瓜大小即可食用。与南瓜不同，并不需要较大面积田地，是适合家庭菜园的一种蔬菜。此外，粗大的果实最适合用于烧烤。

○品种　绿色种的"Green Tosca""Diner""Black Tosca"等具有代表性。黄色种也很受欢迎，有"Gold Tosca""Aurum"等。

○栽培的关键　市场上很少售卖幼苗，应提前购买种子自己育苗。

不适应多湿环境，应注意排水，最好在田垄整面覆盖塑料膜。此外，因其叶片较大，容易被风吹动，导致藤蔓扭转、折断，并从伤口感染病原菌，必须搭建短支架进行固定。

雌花长在短缩的茎部的各节，开花后迅速膨大，几天后即可收获，注意及时采收。

栽培日程

1月	2	3	4	5	6	7	8	9	10	11	12

早种栽培

● 播种　○ 移栽　▬ 采收

1 育苗

早种

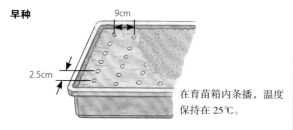

9cm

2.5cm

在育苗箱内条播，温度保持在 25℃。

1cm

种子较大，覆土 1cm 左右，并从上方轻轻按压。

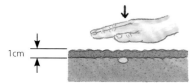

真叶长出 1 片时，移栽至 3 号盆。

常规播种

天气变暖之后，直接在 3 号盆播种。

健康培育的苗，真叶长出 4 ~ 5 片。

4 月下旬之前使用塑料大棚，夜间上方覆盖保温材料（旧毛巾等），以保持适合温度。

2 施加基肥

（种植沟每米用量）

化肥 2 大勺
油粕 3 大勺
堆肥 4 ~ 5 把

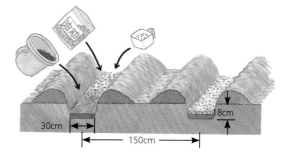

30cm

150cm

8cm

3 移栽

（1）起垄

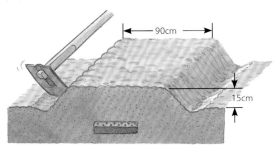

回填基肥沟，制作田垄。
如田地湿气较大，应堆高田垄。

（2）田垄整面覆盖黑色塑料膜

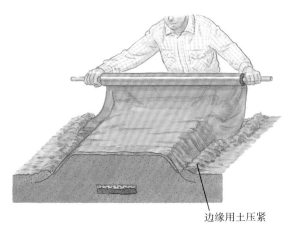

边缘用土压紧

选择温暖的日子，移栽至田地内。

（4）移栽

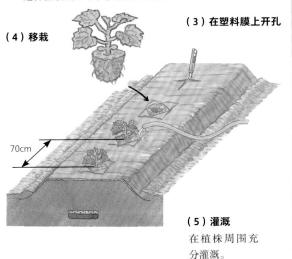

70cm

（3）在塑料膜上开孔

（5）灌溉
在植株周围充分灌溉。

4 追肥

第 1 次追肥
移栽后半个月，用指尖在植株附近各处戳出孔，方便施肥。
（每株用量）
化肥 1 大勺

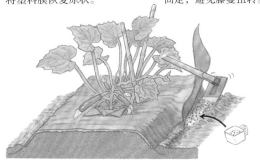

第 2 次追肥
开始收获时，掀起塑料膜边缘进行追肥。施肥结束后，将塑料膜恢复原状。

如果遇到风力较强的环境，应交叉搭建短支架固定，避免藤蔓扭转。

第 3 次及之后的追肥
每隔半个月，在植株周围及田垄之间施肥，并与土壤混合。

5 采收

普通果实

花西葫芦
开花之前采收，用于煮菜等。

绿色品种　黄色品种

可用于煮菜、沙拉、蒸菜、腌菜等，用途广泛。

粗大的果实

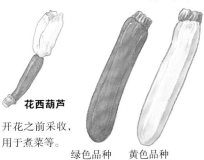

如在花期之前进行人工授粉，则尾部的结头会减少，适合做铁板烧、天妇罗等。

西瓜

富含果糖及葡萄糖，在炎热的夏季能够缓解身体疲劳。是最喜爱强光的水果蔬菜类，适宜生长温度也较高（夜间 15℃以上）。所以，应选择光照良好的场所，并在天气暖和时种植。

容易出现连作危害（主要是蔓枯病），尽可能将嫁接苗用于耐病性强的砧木（主要是葫芦花）。

○**品种** 大型品种包括"缟王""瑞祥"等，小型品种包括"小玉""红小玉"等。在特殊地区，还有黑色的"Black Ball""Tahiti"及长圆形的"Rugby Ball"等。

○**栽培的关键** 控制基肥，坐果且果实膨大之后追肥。早期少有访花昆虫，应通过人工授粉促进坐果。

保温罩对生长初期的保温及害虫防除具有很好效果，务必使用。梅雨季节的炭疽病是大麻烦，应提前喷洒药剂，做好防除准备。

栽培日程

1月	2	3	4	5	6	7	8	9	10	11	12

保温罩栽培
露地早熟栽培

● 播种　○ 移栽　ハ/ハ 覆盖保温罩　▬▬ 采收

1 育苗

苗床参照菜椒（26页）进行保温及加温。

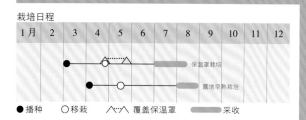

9cm
2cm

在育苗箱内播种，温度调节为 25 ~ 30℃ 使其发芽。

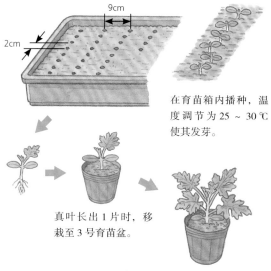

真叶长出 1 片时，移栽至 3 号育苗盆。

健康培育的苗，真叶长出 5 ~ 6 片。

嫁接
利用售卖的成品嫁接苗，可抵抗连作危害，每年都能在同一块田地内种植。

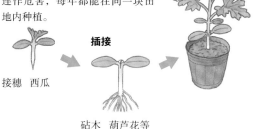

接穗 西瓜　　**插接**　　砧木 葫芦花等

2 施加基肥

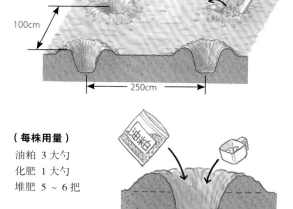

100cm
250cm

（每株用量）
油粕 3 大勺
化肥 1 大勺
堆肥 5 ~ 6 把

堆肥
40cm 左右

15 ~ 20 天之前堆土，形成马鞍状。

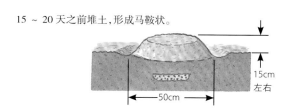

15cm 左右
50cm

3 移栽

选择天气晴朗、暖和的日子，移栽至田地内。

不需要深栽。特别是嫁接苗，嫁接接合部位尽可能高出地面。

苗长至保温罩高度之前，始终覆盖保温罩。干燥之后，从上方开孔灌溉。

将顶部的开孔扩大，保持换气通畅。

4 修枝及诱引

在 5 ~ 6 节摘心，保留延伸长势较好的 3 根子蔓。

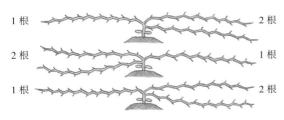

左右分开诱引，防止藤蔓缠绕过密。

5 追肥及铺设稻草

（每株用量）
化肥 2 大勺以内

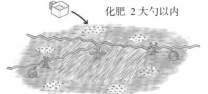

果实长至拳头大小时，在各处施撒肥料。

气温上升后，藤蔓开始生长，之后分 2 ~ 3 次铺设稻草。

6 人工授粉

在开花当天的清晨 8 ~ 9 点之前摘掉雄花，去掉花瓣，露出花药轻轻刮擦雌花的柱头。

用标签记录授粉日期。

7 采收

开花后经过 50 ~ 55 天，试着采收品尝。如口感成熟，则相同授粉日期的果实均达到成熟。

如未使用授粉日期标签
通过外观及敲打声分辨可否采收。
· 果形：肩部圆润充实。花落部分（瓜脐）凹陷，周边隆起。
· 色泽：嫩绿光泽消失，深浅分明。
· 触感：用指尖按压花落部分（瓜脐），可感到弹力。
· 敲打声：用手指敲打，声音应浑厚。
· 看瓜藤：结果实的瓜藤卷曲、枯萎。

蜜瓜

夏季水果类蔬菜的一种，但栽培格外困难。因此，应选择合适的土地，严格管理，不得懈怠。

○品种　口感稳定，经过改良的 F1 蜜瓜较为常见。"Prince-PF6 号"、白皮的 "Alice" 等对蜜瓜常见的白粉病具有抵抗作用，容易培育。还有黄色种的 "金太郎" "金铭" 等，颜色让人赏心悦目。搭架栽培时，最适合采用瓜皮带有网纹的 "Earls Night" "Bonus" 等。

○栽培的关键　果菜类中最喜高温的一种，在气温充分回暖之后移栽至田地内，并有效利用保温及覆膜等措施。

地面匍匐栽培时延伸 3 根子蔓，每株摘果 5 ~ 6 个；搭架栽培时延伸 1 根主枝，每株摘果 1 个优等品。无论哪种方式都需要注意修枝，使其达到目标坐果量。收获之前未长出健全的叶片则无法确保糖度，此时应特别注意病虫害防治。

栽培日程

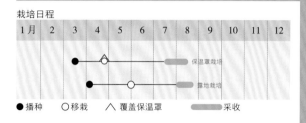

1月	2	3	4	5	6	7	8	9	10	11	12

保温罩栽培

露地栽培

●播种　○移栽　△覆盖保温罩　　采收

1 育苗

白天气温应保持在 20 ~ 30℃，夜晚应为 18℃以上。早种时，采用农用电热丝，使地温保持在 25℃。

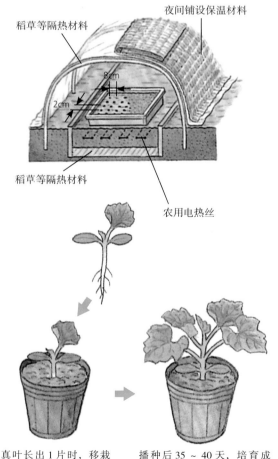

夜间铺设保温材料

稻草等隔热材料

8cm

2cm

稻草等隔热材料

农用电热丝

真叶长出 1 片时，移栽至 2 号育苗盆。

播种后 35 ~ 40 天，培育成真叶 4 ~ 5 片的苗。

2 整地

之前作物采收完成后，尽早施撒石灰，充分翻耕至 20cm 左右深。

石灰

移栽前半个月左右施加基肥。

（田垄每米用量）
化肥　2 大勺
堆肥　4 ~ 5 把
油粕　2 大勺

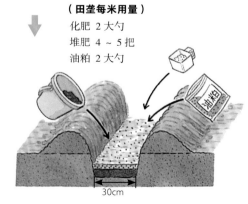

30cm

3 移栽

田垄整体覆盖塑料膜，使地温上升。

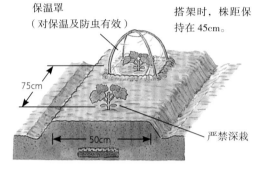

保温罩
（对保温及防虫有效）

搭架时，株距保
持在45cm。

75cm

50cm

严禁深栽

4 摘心及修枝

搭架栽培

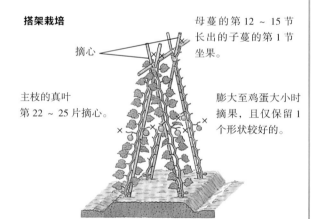

摘心

主枝的真叶
第 22 ~ 25 片摘心。

母蔓的第 12 ~ 15 节
长出的子蔓的第 1 节
坐果。

膨大至鸡蛋大小时
摘果，且仅保留 1
个形状较好的。

地面匍匐栽培

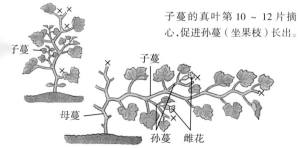

子蔓

子蔓

母蔓

孙蔓　雌花

母蔓的真叶第 5 ~ 6 片摘心，
促进子蔓长出。

子蔓的真叶第 10 ~ 12 片摘
心，促进孙蔓（坐果枝）长出。

× 标记表示摘心位置

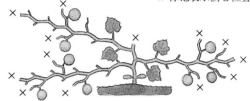

大果品种每株 4 ~ 5 个，
小果品种每株 7 ~ 8 个。

5 人工授粉及追肥

开花日进行人工授粉，
并加上记录开花日的标签。

第 1 次

第一果膨大至鸡蛋大小时，在田垄两
侧施肥、培土。

（每株用量）
化肥　2 大勺
油粕　4 大勺

1 根或 2 根藤蔓交替
分开。

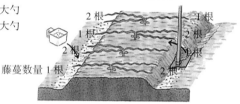

2 根
1 根
2 根

藤蔓数量 1 根

1 根
2 根
1 根
2 根

第 1 次追肥

第 2 次

第 1 次追肥后 15 ~ 20 天，在藤蔓顶端实施追肥（与第 1 次
同量），之后铺设稻草。

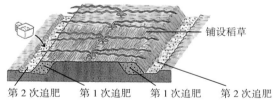

铺设稻草

第 2 次追肥　第 1 次追肥　第 1 次追肥　第 2 次追肥

（追肥量：搭架栽培与地面匍匐栽培相同。）

6 采收

5/20

确认记录着开花日期的标签，判定采收
适宜时期。

开花后经过 40 ~ 45 天，试着采收一两
个品尝，确认已成熟之后收获其他果实。

白瓜

蜜瓜的变种，果实成熟后也不会形成糖分，无甜味。肥厚、致密的果肉最适合用来腌菜。白瓜的主要用途就是腌菜，大多是批量加工。但是，近年来随着人们对其特点获得重新认识，许多人开始将其种植于家庭菜园内。

○品种　除了"东京早生越瓜""东京大白瓜""桂大白瓜""沼目白瓜"等，各地还有一些小品种。

○栽培的关键　属于耐高温果菜，喜好强光，对夏季的酷热干燥具有极强的耐受性，但禁不住低温环境。在严寒地区，露地栽培的周期较短，且需要大棚保温。

雌花生长以孙蔓为主体，为了长出许多孙蔓，需要对母蔓、子蔓进行摘心。并且，子蔓生长应符合孙蔓所需，应在长出雌花之前对子蔓实施摘心。藤蔓数量较多，为了保持生长平衡，应在下方铺设稻草。

栽培日程

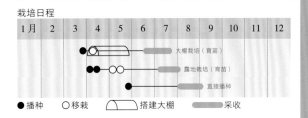

1月	2	3	4	5	6	7	8	9	10	11	12

大棚栽培（育苗）

露地栽培（育苗）

直接播种

●播种　○移栽　⌒搭建大棚　采收

1 育苗

在 3 号育苗盆内播种 3 ~ 4 颗种子。

真叶长出 1 片时，间苗后保留 1 株。

培育成真叶 4 ~ 5 片的苗之后，移栽至田地内。

3 ~ 4 月的育苗应搭架大棚。

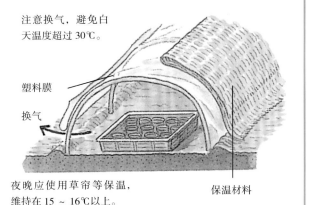

注意换气，避免白天温度超过 30℃。

塑料膜

换气

夜晚应使用草帘等保温，维持在 15 ~ 16℃以上。

保温材料

2 整地

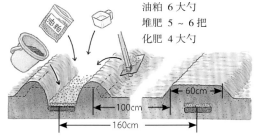

（种植沟每米用量）

油粕 6 大勺
堆肥 5 ~ 6 把
化肥 4 大勺

100cm

160cm

60cm

为了培育出长势良好的子蔓、孙蔓，应在基肥中足量施加优质的堆肥。

3 移栽

子蔓、孙蔓向四周延伸，应取较大株距。

不耐低温，为了采收更多，应采用大棚栽培，延长采收周期。

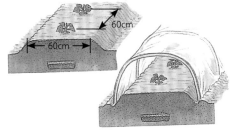

60cm

60cm

4 摘心

移栽后长至茂密时，留下 5 片真叶，摘除顶端。

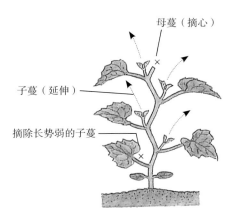

母蔓（摘心）

子蔓（延伸）

摘除长势弱的子蔓

5 追肥及铺设稻草

第 1 次

藤蔓延伸茂盛时，在田垄一侧施肥、培土。施肥后，铺设稻草。

（田垄每米用量）

化肥 4 大勺

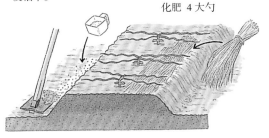

第 2 次

子蔓生长至田垄外侧时，在另一侧田垄施肥。施肥量与第 1 次相同。

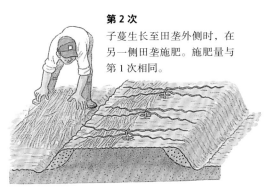

6 修枝及摘心（子蔓及孙蔓）

将延伸的 4 根子蔓均匀布置于两侧。

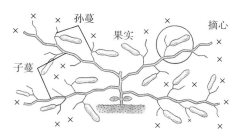

孙蔓　果实　摘心

子蔓

子蔓的真叶保留 8 ~ 10 片，摘掉其顶端。
注：茎部折弯位置均长着叶片，插图中有所省略。之后图示同样处理。

孙蔓的真叶保留 2 片，摘除其顶端。

孙蔓的叶

孙蔓

雌花

子蔓的叶

子蔓

7 采收及使用

培育成方便使用的大小之后，依次采收。

青果（简单腌渍等）

1 根 100 ~ 200g

加工（深度腌渍等）

1 根 800 ~ 1000g

待果肉变软后采收成熟果实（无糖分、无甜味的状态），可搭配三杯醋品尝。

用贝壳等掏出瓜瓤

①切成两半之后用盐预腌渍，在阴凉环境下晾干之后，再用酒糟或酱料正式腌渍。

②整个腌渍。

苦瓜

具有苦味及脆爽口感，是一种特性鲜明的蔬菜。富含维生素 C，且胡萝卜素、矿物质、纤维质较多，在夏季具有健胃、发汗的效果。在日本的冲绳、鹿儿岛南部等地，苦瓜自古以来就是不可或缺的蔬菜。目前，日本全国已有许多人喜欢上这种蔬菜。

○品种　可分为长果品种和短果品种，果色也有绿色和白色之分。长果品种的"萨摩大长灵芝""深绿""粗绿""粗灵芝"及短果品种的"白灵芝""台湾白"等具有代表性。

○栽培的关键　属于耐高温果菜，如等待自然发芽，度过盛夏之后即可采收。建议通过大棚、加温等措施提前育苗，将栽培时期前移。

藤蔓细，可延伸数米，可利用支架、栅栏等诱引。藤蔓攀附能力强，确定好藤蔓方向，就能健康生长。绿色种在果实颜色变深时采收，白色种在表面的疙瘩充分膨大时采收。

栽培日程

1月	2	3	4	5	6	7	8	9	10	11	12	
	●●	△										保温罩栽培
		●●	○									露地早熟栽培

●播种　○移栽　△覆盖保温罩　▬ 采收

1 育苗

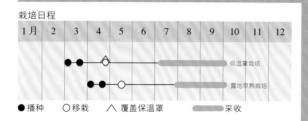

使种子局部裂开，在水中浸泡一昼夜。

不耐低温，幼苗生长极慢，育苗时尽可能保温、加温。

塑料大棚

寒冷时，在上方铺设草帘。

采用电热加温，使苗床的夜间温度保持在 18℃以上。

真叶长出 2 片时保留 1 株。

在 3 号育苗盆内播种 3 ~ 4 颗种子，覆土厚度为 1cm 左右。

1cm

真叶长出 1 片时，间苗保留 2 株。

培育成真叶 3 ~ 4 片的苗之后，移栽至田地内。

2 基肥及整地

（每株用量）
堆肥 4 ~ 5 把
油粕 1 大勺

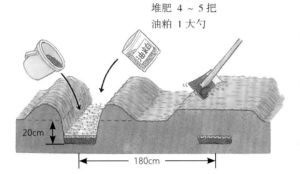

20cm

180cm

3 移栽

移栽之后，在植株周围
灌溉。

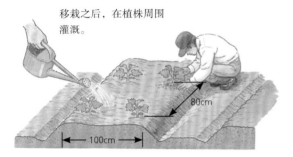

80cm

100cm

4 搭架及诱引

藤蔓伸出卷须，可顺利攀附，
刚开始绑起 1 ~ 2 次，之后
确定大致方向布置即可。

栅栏

也可利用栅栏缠绕
藤蔓。

5 追肥

第 1 次
母蔓延伸至 50cm 以上时，在植株周围施加少量
肥料。

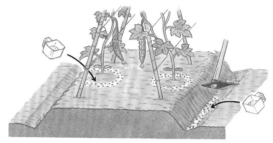

第 2 次及之后
进入收获期时，在过道侧施加 2 ~ 3 次
肥料。
每次施肥量均为 1 大勺。

6 采收及使用

绿色种的果实变成绿色
后采收，白色种的果实
表面疙瘩充分膨大之后
采收。

果梗细且硬，摘取时用剪
刀剪下。

对半切开，掏出瓤
之后斜切。

制作成凉菜。

炸天妇罗。

直接腌渍。

焯水后用力揉搓，控干
水分。

用醋调味。

与鲣鱼干、酱油一起
搅拌，作为下酒菜。

冬瓜

栽培日程

1月	2	3	4	5	6	7	8	9	10	11	12

露地早熟栽培

保温罩栽培

● 播种　　○ 移栽　　△ 覆盖保温罩　　　采收

盛夏季节即可采收，称其为"冬瓜"是因为冬季至第二年春季也能采收品尝。平淡的口感及透明浅绿的果肉色泽，使其适合搭配许多食材。并且，属于低卡路里蔬菜，符合当下的健康饮食潮流，极受欢迎。

○品种　包括"早生冬瓜""小冬瓜""长冬瓜""琉球冬瓜"等，品种较少。通常，早生品种为小果，晚生品种为大型的长圆形。

○栽培的关键　具有较强的耐热性、耐寒性，且适应大部分土质，属于较容易培育的蔬菜。在葫芦科中属于生长周期长的果菜，适合在关东以西的温暖地区栽培。雌花较少，应适当进行摘心及修枝，并对子蔓 17 ~ 18 节以上的雌花实施人工授粉，实现坐果。

果实开始膨大之前，注意修剪孙蔓，防止藤蔓过密。适量施肥，避免藤蔓疯长。

1 育苗

种子外皮坚硬，不易吸收水分，应在水中浸泡 10 ~ 12 小时，使其充分吸水。

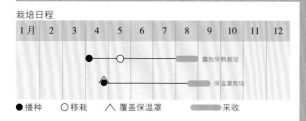

水

在 3 号育苗盆内播种 3 颗种子。

塑料大棚

草帘

真叶长出 1 片时保留 1 株。

避免夜晚温度低于 18℃。白天注意换气，避免温度高于 30℃。

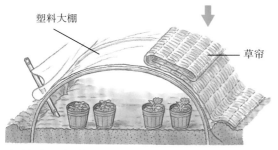

培育成长出真叶 4 ~ 5 片的苗。

2 施加基肥

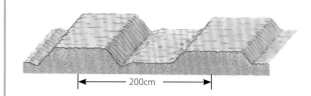

←　200cm　→

（每平方米用量）
堆肥 4 ~ 5 把
油粕 2 大勺

在田垄整面施撒堆肥，充分翻耕约 15cm 深。

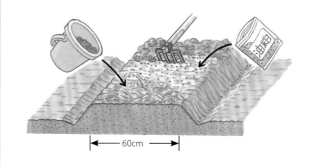

←　60cm　→

3 移栽

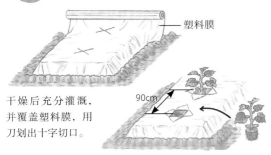

干燥后充分灌溉，
并覆盖塑料膜，用
刀划出十字切口。

（保温罩栽培）
充分灌溉之后，
播种 3 颗种子。

发芽之后，在顶部开孔换
气。真叶长出 1 片时间苗，
保留 1 株。

根据生长发育状态扩大开
孔，占满内部空间之后取
下保温罩。

4 修枝

在母蔓的第 4 ~ 5 节摘心，保留延伸长势较好的 4
根子蔓。

摘心

子蔓

母蔓

保留 4 根子蔓不摘心，
任其延伸。子蔓结果
之前，摘除孙蔓。结
果之后，放任生长，不
用修枝。

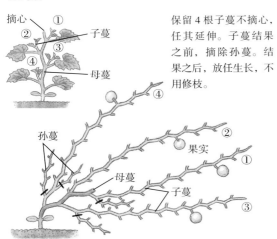

孙蔓

果实

母蔓

子蔓

5 铺设稻草

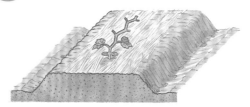

藤蔓开始延伸之后，在株根附近铺设稻草。

随着藤蔓延伸，在其先端铺设稻草。

6 追肥

（每株用量）
化肥 2 大勺

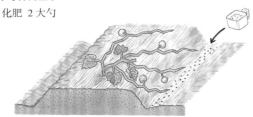

果实膨大至乒乓球大小之后，开始追肥。观察发育
状态，为了避免肥料不足，半个月后再次追肥。

7 采收

（嫩果）
开花后 25 ~ 30 天

（成熟果）
开花后 45 ~ 50 天

任何品种均适宜在表面的白毛
掉落、果肉收紧时采收。

47

丝瓜

搭棚之后遮阳，还能观赏垂下的果实，这是自古以来传承至今的夏季情趣。成熟后的果肉如同海绵，汁液可用于制药或制成天然化妆品。酷热天气下，其幼果可作为食用蔬菜，具有独特风味。

○**品种** 短果类包括"达摩""鹤首"，长果类包括"六尺丝瓜""三尺丝瓜""粗丝瓜"等。同属异种的"十角丝瓜"多供食用。

○**栽培的关键** 直接播种于 3 号育苗盆内，并使用塑料膜保温育苗，或直接购买成品苗进行栽培。生长适宜温度为 20～30℃，可经受夏季的高温及强光照，生命力顽强。自身富含水分，但不适应过湿环境，培育时应注意排水。

藤蔓生长旺盛，棚架应搭建牢固。诱引时为了避免生长初期顶端垂下，应四处打结绑起，适当布置主要枝蔓。

栽培日程

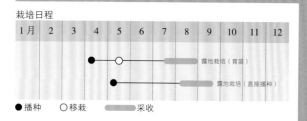

1月	2	3	4	5	6	7	8	9	10	11	12	
												露地栽培（育苗）
												露地栽培（直接播种）

●播种 ○移栽 采收

1 育苗

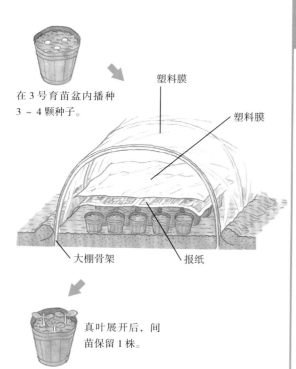

在 3 号育苗盆内播种 3～4 颗种子。

塑料膜　塑料膜　大棚骨架　报纸

真叶展开后，间苗保留 1 株。

培育成真叶长出 3～4 片的苗。

也可购买市售的成品苗。

2 整地

（**每株用量**）
化肥 2 大勺
堆肥 4～5 把
油粕 3 大勺

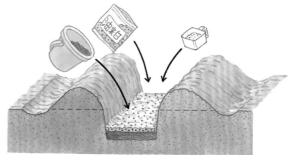

移栽前约 1 个月挖种植沟，施加基肥后堆土起垄。

3 移栽

移栽幼苗，土稍稍盖住育苗盆，
不得深栽。

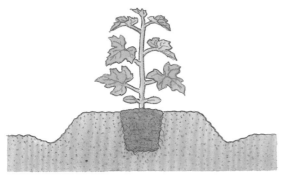

排水条件差的田地尽可能堆高垄，避免产生积水。

4 搭架

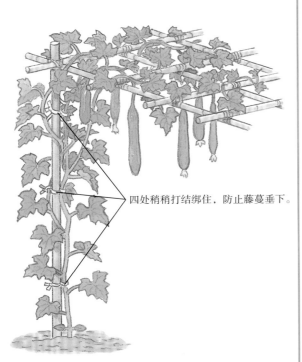

四处稍稍打结绑住，防止藤蔓垂下。

藤蔓全长可达 6 ~ 8m，分枝同样生长旺盛，支架应固
定结实，避免被风吹倒。

5 追肥

第 1 次
藤蔓延伸至 50 ~ 60cm 时，对植株周围追肥。
（**每株用量**）
油粕 2 大勺
化肥 1 大勺

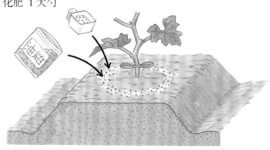

第 2 次及之后
果实开始旺盛膨大后，每隔 20 ~ 25 天在田垄一侧追肥
（每株约 2 大勺油粕的用量），并与土壤混合。

6 采收及使用

食用
初期开花后 14 ~ 15 天采收幼果，
盛夏 7 ~ 8 天采收幼果。

取纤维
开花后经过 40 ~ 50 天，果梗变
成褐色时采收。

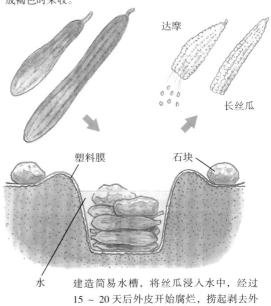

建造简易水槽，将丝瓜浸入水中，经过
15 ~ 20 天后外皮开始腐烂，捞起剥去外
皮，朝向手掌拍打出内侧的种子，最后放
置于光照良好的位置充分干燥。

佛手瓜

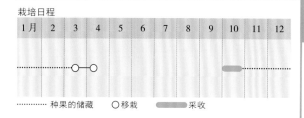

果实较大，约 300 ～ 500 克，每个果实带有一个大种子。

○**品种** 大致分为白色种和绿色种，但未产生品种分化。

○**栽培的关键** 种子在果实中存放，第二年春季播种。注意，切勿深栽。藤蔓延伸极其旺盛，支架应固定结实。孙蔓结果实，秋季之前能结出 50 ～ 100 个，无须太多管理即可采收。

栽培日程

1月	2	3	4	5	6	7	8	9	10	11	12

·········· 种果的储藏　○移栽　▬ 采收

1 准备种果

需要从秋季开始准备，方便第二年培育。将 10 ～ 11 月采收的完全成熟的果实作为种果。

每个果实带有一个大种子。种子在果实中储藏。

种子

2 整地及移栽

（**每株用量**）
油粕 5 大勺
堆肥 4 ～ 5 把

每株藤蔓大范围生长，移栽间隔应为 4m×4m ～ 5m×5m。如果是自家用，种 1 株即可。

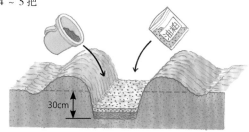

30cm

土、河沙

3 月左右移栽至素烧盆内，发芽之后移栽至田地内。

不需要浇水

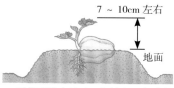

7 ～ 10cm 左右

地面

芽开始延伸至 7 ～ 10cm，可能遭遇晚霜时，将果实一半露出。

3 追肥及搭架

（**每株用量**）
化肥 10 大勺
油粕 10 把

真叶长出 6 ～ 7 片时摘心

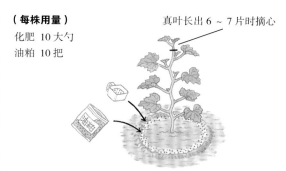

追肥时在植株周围施撒肥料，并与土壤混合。藤蔓旺盛延伸时，追肥 1 次即可。

搭架

孙蔓　孙蔓结果

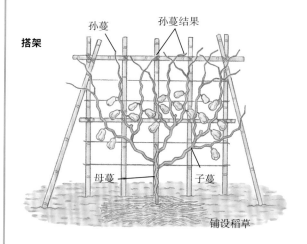

母蔓　子蔓

铺设稻草

4 采收及使用

秋季，从完全膨大的果实开始依次采收，每株约可采收 50 ～ 100 个。除了煮、炒，还可腌、拌之后食用。生的果肉可切片制作沙拉或黄油烧。

葫芦

搭棚之后遮挡夏季的强烈光照，同时兼具观赏效果。不适合食用，成熟果实可用于制作酒壶等容器，外形独特。

○**品种** 大致可分为大葫芦及供观赏的小葫芦。

○**栽培的关键** 避开多湿环境，注意修剪下端侧枝，再将其诱引至棚架，即可轻松栽培。小葫芦可作为容器，也可雕刻加工，令人赏心悦目。

栽培日程

1月	2	3	4	5	6	7	8	9	10	11	12

露地栽培（育苗）

露地栽培（直接播种）

● 播种　　○ 移栽　　▬ 采收

1 育苗

在 3 号育苗盆内播种 3 ~ 4 颗种子。

真叶展开时，间苗后保留 1 株。

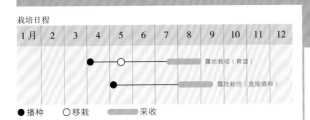

培育成真叶长出 3 ~ 4 片的苗。

也可购买售卖的成品苗。

2 栽培管理

（每株用量）
油粕 3 大勺
堆肥 3 ~ 4 把

挖出直径 30cm、深 20cm 左右的种植沟，并施加基肥。

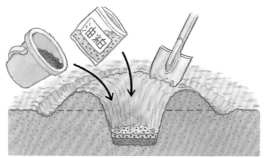

搭建结实的棚架，进行诱引。

将主枝诱引至支架，导向棚架上

3 采收及加工

在果实表面的细毛完全消失之后，试着用指尖弹击，发出较高声音则表示适宜采收。

切掉果梗，开口尽可能小。

在水中浸泡 10 天。

竹签、铁丝等

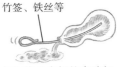

仔细掏出内侧的腐败部分，充分清洗后晾干。

涂抹油脂，使其呈现光泽。时间久了，会逐渐形成红褐色的精美光泽。

草莓

属于多年生草本植物，栽培周期较长，从育苗至采收需要 1 年以上。正因如此，才能品尝到沐浴过四季阳光的美味草莓。如果采用大棚栽培，约 1 个月左右就能采收，可扩大采收周期。

○品种 "宝交早生""Danner""Bell Rouge"等品种容易培育。适宜四季种植的类型中，还有花色漂亮的"丹后"，适合用于趣味园艺种植。

○栽培的关键 自己育苗时，应使用无病虫害的优质母株，将走茎植入苗床，移栽 2 ~ 3 次。到了夏季，注意浇水。

草莓的根部容易发生肥烧，至少在移栽前半个月施加基肥，追肥时也稍稍偏离株根施加，注意避免肥料直接与根部接触。

草莓在遭遇寒冷天气之前处于休眠状态，经过此阶段之后就会旺盛生长。所以，应及早覆膜或搭建大棚，在适当时期做好保护。

栽培日程

1月	2	3	4	5	6	7	8	9	10	11	12

大棚栽培
露地栽培

◉ 母株移栽　 ↯ 走茎扦插　 ○ 移栽　 ⬭ 搭建大棚
▬ 采收

1 育苗

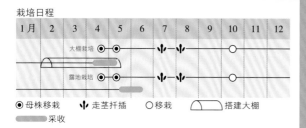

母株　　　走茎

将果实采收完成的健康植株作为母株。

①可能被母株传播病害，建议主要使用②及③。

母株侧剪短至 2cm，另一侧剪得更短。剪短的方向长出花冠。

6 ~ 7 月
走茎移栽至苗床。

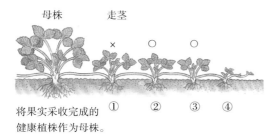

9cm

15cm

9cm

15cm

80cm

8 ~ 9 月
移栽时扩大株距。

根部容易产生肥烧，应提前 20 天左右施加堆肥及油粕。观察生长状态，在植株之间分 1 ~ 2 次施加少量油粕。此外，只要天气晴朗，每天都要灌溉。

× 太深　　○ 合适

叶根必须露出地面，不得深栽。

10 月 培育完成的苗
健康苗的分辨方法

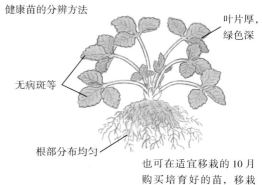

叶片厚，绿色深

无病斑等

根部分布均匀

也可在适宜移栽的 10 月购买培育好的苗，移栽至田地内。

2 施加基肥

移栽之前 15 ~ 20 天施加基肥。

（每平方米用量）

完全腐熟堆肥 4 ~ 5 把
油粕 2 大勺
化肥 1 大勺

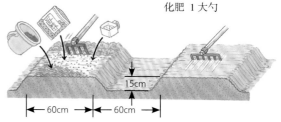

15cm

60cm　　60cm

耕入肥料，整齐起垄。

3 移栽

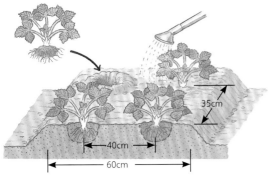

35cm

40cm

60cm

将剪断后长出花冠的一侧朝向田垄外侧。
移栽完成之后，充分灌溉。

4 追肥

（每株用量）
化肥 1 小勺
油粕 1 小勺

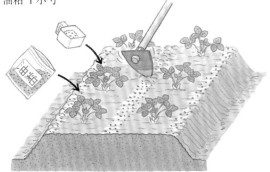

第 1 次
成活后开始旺盛生长的 11 月上中旬，在距离株根 10 ~ 15cm 的位置追肥，并与土壤稍加混合。

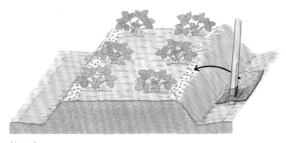

第 2 次
越冬之后的 2 月上中旬（覆膜之前），在田垄的肩部施撒肥料，并覆盖过道的土。

5 覆膜及搭建大棚

到了初春（2 月左右），新叶开花逐渐延伸。

黑色塑料膜

用土压住

有草莓的位置，用剃刀划开十字切口

草莓从划开的切口露出

大棚从 2 月上旬左右开始搭建。半个月保持密闭，草莓开始延伸之后，将大棚侧面边缘稍稍打开换气。到了夜间，恢复密闭状态。

6 病虫害防除

叶片出现斑点、叶片背面出现蚜虫等严重情况时，喷洒药剂进行防治。

腐烂的果实及异形果应及早摘除。

上方叶片开始延伸之后，摘除已枯萎的下叶。

7 采收

清晨采摘的草莓，口感特别。采摘的草莓，也可用于自制果酱。

玉米

新鲜采摘的口感特别好，是家庭菜园中不可或缺的夏季蔬菜，也是蔬菜中极为少见的禾本科作物，最适合轮作，须避免连作危害。

○品种　目前，大多改良为带有甜味的甜玉米。近年来，黄色玉米粒中夹杂着白色的优质品种"Peter Corn""Cocktail"极受欢迎。此外，还有黄色及白色玉米粒中夹杂着紫色的"Uddy Corn"。

○栽培的关键　喜好高温、多日照，应选择光照条件良好的场所进行栽培。为了确保坐果率，应使顶部开花的雄花穗产生的花粉沾到雌花穗上，将一定数量的植株聚集一起栽培。

吸肥能力强，田地内存在之前作物残留肥料时，不需要太多施肥。

育苗之后移栽至田地内或在田地内直接播种时，使用地膜提高地温，尽可能加速发育。而且，地膜对防止鸟害也有效。

栽培日程

1月	2	3	4	5	6	7	8	9	10	11	12

露地栽培（育苗）

露地栽培（直接播种）

● 播种　　○ 移栽　　▬ 采收

1 整地

（每平方米用量）
石灰 3 ~ 5 大勺
化肥 3 大勺

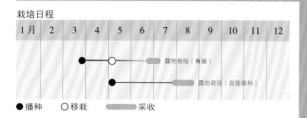

移栽或播种之前 1 个月左右，在田地整面施撒肥料，充分翻耕。

2 育苗

在育苗托盘或育苗盆内播种，每个位置分别播 1 颗种子。覆土厚度约 1cm。

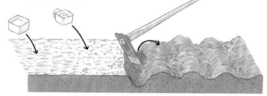

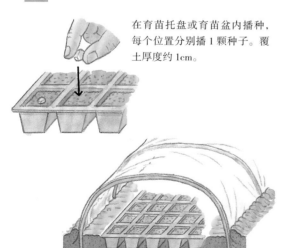

使用塑料大棚保温。

培育完成的苗，真叶长出 3 ~ 4 片。

3 移栽及播种

育苗

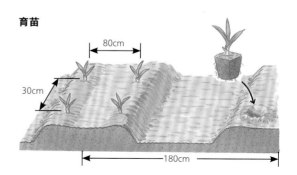

80cm

30cm

180cm

直接播种

覆盖塑料膜，开孔直接播种。

通过这样的处理，可加速生长半个月。

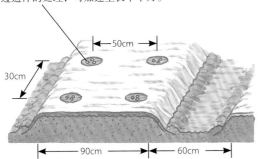

50cm

30cm

90cm   60cm

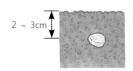

2 ~ 3cm

每处播种 3 颗种子，覆土厚 2 ~ 3cm。

4 间苗

（直接播种）

生长高度达到 10 ~ 15cm 时，间苗后保留 1 株。

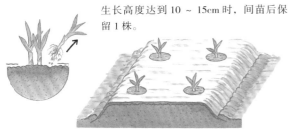

5 追肥及培土

（每株用量）

化肥 1 大勺

在田垄一侧施撒。

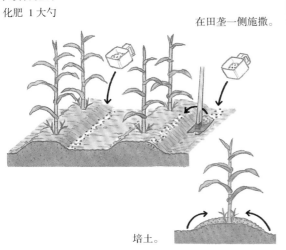

培土。

6 雌花穗的修整

雄花穗先开花

花粉沾在雌花穗的花丝上

仅保留最大的雌花穗

雌花穗

腋芽

摘除下方的小雌花穗

下方长出的腋芽不用摘除，任其延伸后利用叶片的光合作用。

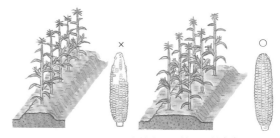

分成多行种植，比一行更容易沾上花粉，坐果率高。

7 采收

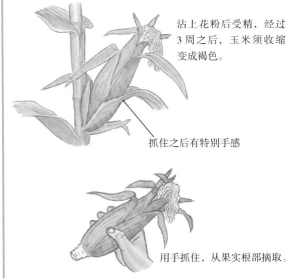

沾上花粉后受精，经过 3 周之后，玉米须收缩变成褐色。

抓住之后有特别手感

用手抓住，从果实根部摘取。

毛豆

尚未成熟的嫩大豆称为毛豆。富含蛋白质、维生素、氨基酸及糖分，营养也很均衡。除了加盐煮，还可蒸、炒或做豆饭。

〇品种　早生品种包括"奥原早生""夏到来""富贵""白狮子"，普通品种包括"白鸟""中早生"，还有口感更好的外来品种。最近，也有人将黑豆作为毛豆食用。

〇栽培的关键　早栽培时，应选择地温容易升高、盛夏时能够保水的沙质土壤，以获取优质果实。并且，昼夜温差越大，越能产出更多优质果。

培土能够使毛豆在生长初期充分发根，也是防止生长旺盛时期出现倒伏的必要措施。并且，最后的培土应在开花之前完成。

适宜收获时期极短，应仔细判断全果的成熟度，及时采收。为了预防鸟害，可将苗直接移栽至田地内，或者直接播种后等到发芽、叶片绿化之前覆盖网布。

栽培日程

1月	2	3	4	5	6	7	8	9	10	11	12
			●	〇							早收栽培（育苗）
											早收栽培
					●						晚收栽培

● 育苗　　〇 移栽　　█ 采收

1 育苗

育苗箱

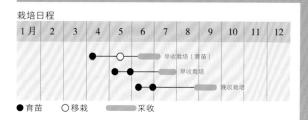

10cm

6cm

覆土厚度 1cm 左右。

在育苗箱内空开较大间隔播种。

发芽的状态。

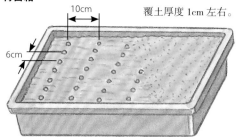

真叶长出 3 片时进行定植，避免株距过密。

育苗托盘

在育苗托盘（128 孔）各孔位中分别播种 1 颗种子，并用指尖压入。

覆土 1cm 左右，用手掌轻轻按压。

可轻易育苗，成果率高。

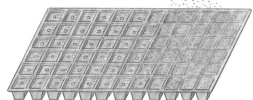

使用售卖的专用土。

根系在孔位中完全伸开，取出之后定植。

2 整地

（每平方米用量）
石灰 3 ~ 4 大勺
完全腐熟堆肥 4 ~ 5 把
化肥 1 大勺

3 移栽及播种

育苗

直接播种
每处播种 3 ~ 4 颗种子。

早生种
15cm
20 ~ 30cm
中晚生种
50 ~ 60cm

发芽后间苗，保留
1 株。

覆膜并开孔后，每处分别植入 1 株。
（垄宽、株距：育苗及直接播种相同。）

4 培土

育苗

移栽后 15 ~ 20 天培土
一次，10 天之后再培土
一次。

直接播种

真叶开始长出时培土，将
子叶稍稍隐藏。半个月之
后，再次培土。

5 追肥

为了避免肥料过多、生长过于繁茂，应根据
田地的肥沃程度控制追肥量。

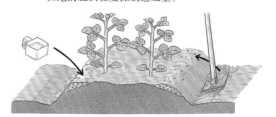

生长高度达到 17 ~ 18cm 时，如叶色浅、生长慢，
可在植株周围施加少量肥料，并培土。

6 摘心

真叶长出 5 ~ 6 片
时摘心，促进侧芽
的生长。

茎叶生长旺盛的肥沃
田地注意摘心。

7 采收

果实膨大明显，用手挤压豆荚后豆粒立即飞
出则表明适宜采收。

○

×

太嫩

如果植株长势好，腋芽
也会长出许多豆荚，且
空豆荚少。

花生

完全成熟后可直接食用花生籽粒（花生米），尚未成熟时摘下煮食也很美味。花生在日照充足的高温条件下生长旺盛，所以不适宜在寒冷地区栽培。开花后，子房柄延伸、潜入土壤，结出果实，所以培育时应避免土壤黏稠潮湿，确保排水顺畅。

○**品种**　具有代表性的包括以下几种：大粒的早熟品种，用于煮食的"乡之香"；中熟品种，煮食或完全成熟后食用的"中手丰"；晚熟品种，完全成熟后食用的"千叶半立"等。

○**栽培的关键**　提前买好花生种子，育苗或直接在田地播种后栽培。

石灰粉不足会导致空荚，所以需施用石灰进行整地准备。氧气不足容易导致藤蔓徒长，所以不得施用基肥，且追肥也要控制。

分枝株扩散之后培土，有助于子房柄潜入土壤中。此时，应考虑直立品种和蔓生品种藤蔓扩散方式的差异，合理操作。

荚壳大致饱满膨大时收获。

栽培日程

1月	2	3	4	5	6	7	8	9	10	11	12
常规栽培（直接播种）				●	●						
覆膜栽培（直接播种）				●	●						

● 播种　　▬ 收获

1 整地

（每平方米用量）

石灰 3 ~ 5 大勺

播种及种植前半个月左右撒上石灰，并仔细耕田。

2 播种及种植

从带荚花生中取出种子（花生米）。

用指尖抓住花生的尖头一侧，可轻易剥开。

布袋

水

将种子放入水中浸泡一昼夜，使其充分吸水。

育苗

在 72 孔育苗托盘中逐颗播种。

指尖按压 1cm 深。

2 片真叶的苗培育完成。

采用覆膜栽培时，一开始就是高起垄，不需要培土。

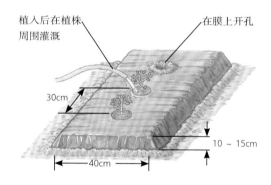

植入后在植株周围灌溉

在膜上开孔

30cm

10 ~ 15cm

40cm

直接播种

每处播种 2 ~ 3 颗种子，长至 4 ~ 5cm 后间苗为 2 棵。

采用覆膜栽培时，开孔后撒入 2 ~ 3 颗种子。高起垄。

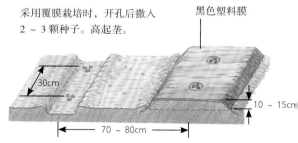

黑色塑料膜

30cm

10 ~ 15cm

70 ~ 80cm

3 追肥

侧枝开始生长时，施加少量肥料。如有条件，施加磷含量较多的肥料。氮含量较多会导致藤蔓徒长，造成果荚营养不良。

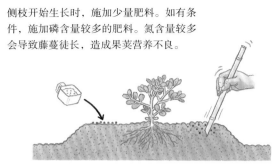

地膜栽培时，在地膜上开孔施肥。

在支架侧面施撒肥料，用竹筒铲、木棒等与土壤混合。

4 培土

生长高度达到 30 ~ 40cm，须进行分枝时。

直立性品种

株根附近约 15cm 范围内培土。

匍匐性品种

在已经分枝的枝叶周边稍加培土。

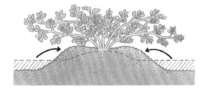

开花后经过几天，子房柄开始朝向地面延伸，并潜入土中。之后经过 4 ~ 5 天，子房（果荚）开始膨大。

子房柄

子房

覆膜（0.02mm 厚度的薄膜），子房柄可贯穿土中。

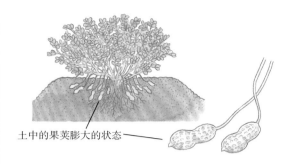

土中的果荚膨大的状态

5 采收

用铁耙试着挖植株周围。使植株抬起之后，即可挖出。

采收未成熟果实

豆荚基本膨大时。

连着豆荚一起煮，取出花生米食用。

采收完全成熟果实

果荚的网纹清晰可见，且果荚外形膨大时。

在田地内摊开，充分晒干。

带着果荚干燥，食用时炒制。

将竹竿固定在木箱上，在上方拍打经过干燥的茎叶，可高效获取果荚。

芸豆

生长周期短，如果是极早生种，只需 50 天就能采收。在关西地区被称为"三度豆"，意为一个季节能够采收三次。

○**品种**　可分为无蔓种（矮生）和有蔓种（蔓生），无蔓种包括"Master Piece""江户川"和近年来改良的"Aaron""Serena""皐月绿"等，有蔓品种包括"尺五寸"、改良品种"舞姿""Oregon"等。除此之外，还有平荚品种的"摩洛哥"等许多有特点的品种。

○**栽培的关键**　极不耐降霜，为及早采收，需要做好育苗及保温工作。并且，芸豆不适应酸性土壤，应提前在田地内施撒石灰，并充分翻耕。

因为是豆科植物，不需要太多肥料。但是，为了保证初期生长健康，应注意施加基肥及较早时期的追肥。应注意芸豆易感染病毒，此外还须积极做好蚜虫的防除工作。

栽培日程

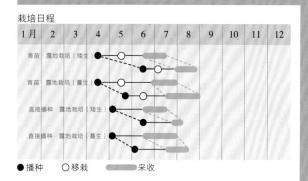

	1月	2	3	4	5	6	7	8	9	10	11	12
育苗　露地栽培（矮生）												
育苗　露地栽培（蔓生）												
直接播种　露地栽培（矮生）												
直接播种　露地栽培（蔓生）												

● 播种　　○ 移栽　　▬ 采收

1 育苗

在 3 号育苗盆内播种。

发芽的状态。

真叶长出 2 片时，间苗后保留 2 株。卷缩的叶片可能感染病毒，应摘除。

培育完成的苗 4 片真叶。

早种时，在育苗中期之前搭建塑料大棚进行保温。

2 整地

在田地表面施撒一层极薄的石灰。

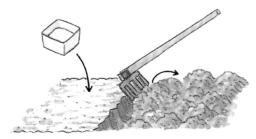

播种及移栽之前半个月，仔细耕田。

（种植沟每米用量）

油粕 3 大勺
化肥 2 大勺
堆肥 5 ~ 6 把

10cm

15cm

3 播种及移栽

每处播种 4 ~ 5 颗种子，
覆土 3cm 厚，用手掌轻压。

直接播种

有蔓种

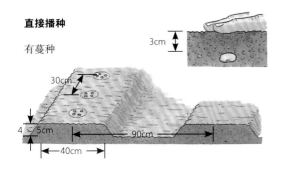

无蔓种

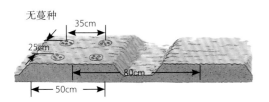

育苗
将 2 株苗一起移栽。

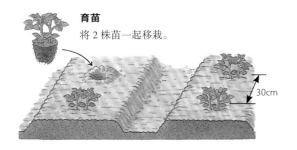

4 搭架及诱引

有蔓种（无蔓种放任不管）

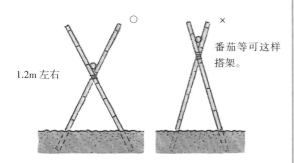

番茄等可这样
搭架。

1.2m 左右

藤蔓延伸长，搭架时应在更低位置交叉（相
比番茄及黄瓜的搭架交叉位置），稍稍倾
斜，方便手能触碰到顶端。

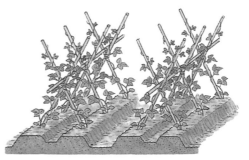

为了避免枝蔓顶端下垂，只需将其诱引至支架
就能牢牢攀附。

5 追肥

第 1 次
生长高度达到 20cm 左右时，在
植株周围施撒肥料，并用除草
耙轻轻翻耕。

（每株用量）
化肥 1 大勺

第 2 次
第 1 次追肥后 20 天左右，在过道
侧施撒肥料，用锄头堆成田垄。
叶色好且生长旺盛时，不需要这
样处理。

6 采收

无蔓种
开花后 10 ~ 15 天左右，
豆荚表面明显膨大时即可
采收。

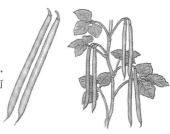

有蔓种
相比无蔓种品种，果实膨大
也不会影响口感，所以采
收适宜期稍长。

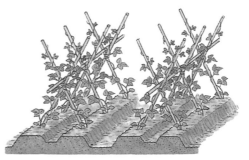

61

豌豆

日式料理中不可或缺的豌豆，有些品种还能连着豆荚一起食用。此外，还有豆荚大且美味的"法国大荚"等许多品种。

○品种　食用豆荚的"白花绢荚""伊豆红花""渥美白花""绢小町""夏驹"等，食用果实的"薄""南海绿"等，作为佐酒菜食用的"Snack""Gourmet"等。

○栽培的关键　容易出现连作危害的蔬菜之一。种过一次的田地，至少应间隔 4 ~ 5 年再次种植豌豆。

不耐酸，酸性土壤一定要施撒石灰，充分翻耕之后才能种植。如播种太早，进入冬季之后植株就会长得过大，耐寒性变弱，可能遭受冻害，应严格遵守播种时节。特别在寒冷地区，早种非常危险。此外，为了避免缺肥，应及时追肥。并且，及早搭架，方便藤蔓缠绕。

栽培日程

1月	2	3	4	5	6	7	8	9	10	11	12

露地栽培（寒冷地区）
露地栽培（温暖地区）

● 播种　　采收

1 整地

至少在播种前半个月进行整地。

（每平米用量）

石灰 2 ~ 3 大勺
堆肥 5 ~ 6 把

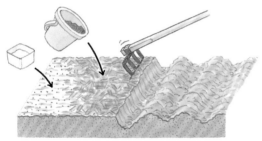

不耐酸，应在施撒石灰之后翻耕。

（田垄每米用量）

化肥 3 大勺

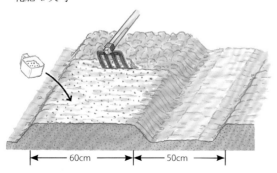

60cm　　50cm

2 育苗

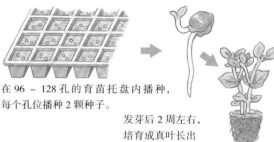

在 96 ~ 128 孔的育苗托盘内播种，每个孔位播种 2 颗种子。

发芽后 2 周左右，培育成真叶长出 2 ~ 3 片的苗。

3 播种（直接播种）

覆土不得太厚。

1.5 ~ 2cm

每处播种 4 ~ 5 颗种子。

35 ~ 40cm

黑色塑料膜

4 移栽（育苗）

田地干燥时，覆膜之前在田垄整面灌溉。

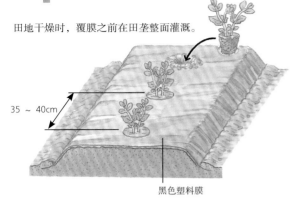

35 ～ 40cm

黑色塑料膜

5 搭架（1）

直立状态下，容易被风吹动、折断，应用竹条压住。

插入支架

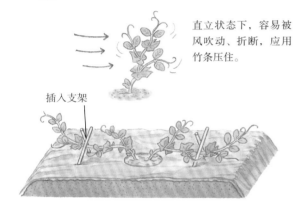

6 追肥

第1次

初春，根系长势旺盛时掀起塑料膜，在田垄一侧施撒肥料，并与土混合堆入田垄。

（每株用量）

化肥 1 大勺

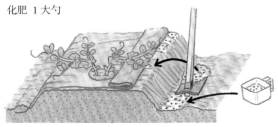

第 2 次

茂盛开花时，同上一次方法一样，在田垄另一侧追肥。

支架

7 搭架（2）

支架建议使用带有小枝的细竹或细树枝，也可使用市售的果菜用支架竹（2m 以内）。

生长旺盛期的形态

如枝叶较少，可吊起稻草，使藤蔓缠绕于稻草。

稻草

塑料绳

如使用支架竹，侧面绑上 2 ～ 3 层塑料绳。

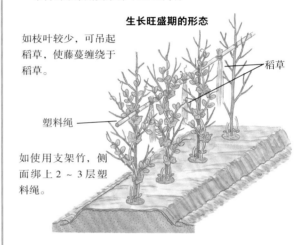

8 采收

用指尖摘取，或用剪刀剪取。

绢荚
果实正在膨大的嫩豆荚。

Snack
果实开始膨大，豆荚水嫩。

采摘大豆荚果实
豆荚开始出现褶皱，果实膨大明显。

蚕豆

采收周期短，不足 1 个月，但能够体验到足够的季节感。生长适宜温度为 15 ~ 20℃，但幼苗耐寒性强，气温降低至 0℃ 也不会遭受冻害。长出豆荚之后则不耐低温，容易受冻害。

○品种　晚生的大颗粒优质品种"陵西一寸""河内一寸"，中早生的改良品种"仁德一寸""打越一寸"，早生的耐寒品种"房州早生""熊本早生""金比罗"等。

○栽培的关键　10 月中下旬（关东以西地区）为播种时期。寒冷地区延迟播种。

种子较大，发芽需要较多氧分及水分。特别是大颗粒类型的发芽率较低，播种不得太深，播种时黑色种脐倾斜向下。此外，使用育苗盆及育苗托盘进行育苗时，应防止水分不足。

近年来，病毒危害逐渐增多，需要注意病虫害防除。地膜覆盖能够减少蚜虫侵害，有效抑制发病率。

栽培日程

1月	2	3	4	5	6	7	8	9	10	11	12

露地栽培（适温地区）●　○

露地栽培（温暖地区）●　○

●播种　○移栽　　　　采收

1 整地

田地空着时施撒肥料，充分翻耕。

（每平方米用量）
堆肥 4 ~ 5 把
石灰 1 ~ 2 大勺
化肥 少量

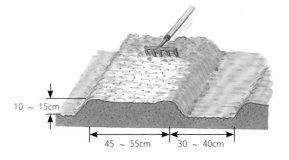

10 ~ 15cm

45 ~ 55cm　　30 ~ 40cm

2 播种及育苗

在苗床内播种的育苗方法

6cm

6cm

在育苗托盘内播种的育苗方法

种子较大，应使用孔位较大的育苗托盘（72 孔）。

种脐

播种时，种脐倾斜朝下。

叶

种脐

根

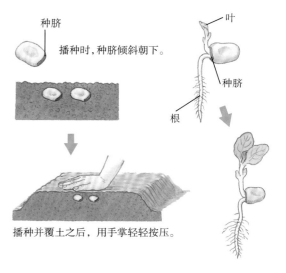

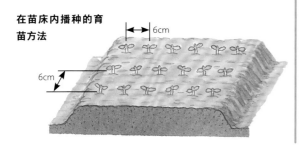

播种并覆土之后，用手掌轻轻按压。

3 移栽

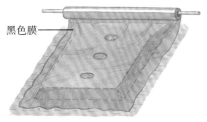

黑色膜

在田垄上方铺设塑料膜的覆膜栽培方法，有利于害虫防除、杂草防除、地温上升。

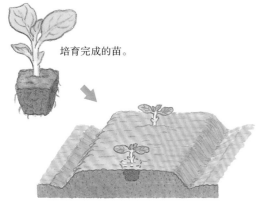

培育完成的苗。

真叶长出 2 片时，将苗移栽至田地内。
如果苗太大，移栽时可能出现损伤。（插图中已省略覆膜）

4 培土及追肥

如放任不管，分枝部分容易倒伏，应注意培土。出现肥料不足迹象时，补充一些肥料。（揭开地膜进行作业）

对株根培土，防止倒伏。

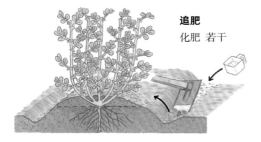

追肥
化肥 若干

5 害虫防除

容易出现蚜虫，应仔细观察、及早发现，并及时喷洒药剂。

顶端附近。

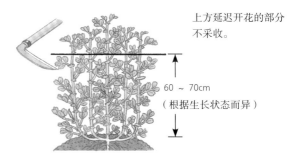

下叶的背面。

6 剪叶

到了春季，如果茎叶开始过度生长，则可能产生倒伏，应注意修剪上方枝叶。

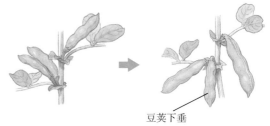

上方延迟开花的部分不采收。

60 ～ 70cm
（根据生长状态而异）

7 采收

豆荚的背筋变成黑褐色、出现光泽，且豆荚下垂时适宜采收。

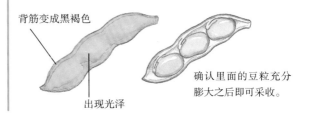

豆荚下垂

背筋变成黑褐色

出现光泽

确认里面的豆粒充分膨大之后即可采收。

秋葵

含有纤维素、矿物质（钙、铁等）、维生素A、维生素B1、维生素C等，属于营养价值高的蔬菜。并且，从夏季至秋季持续开放的花也具备观赏价值。

○ **品种** 通常果实截面呈五边形，颜色深绿且色泽均匀的较为可口。建议种植"Early Five" "Green Etude" "Lady Finger" "Blue Sky"等。

○ **栽培的关键** 秋季能够经受逐渐变冷的气温，但在育苗期至移栽田地之前极不耐低温。如疏于管理，就会出现落叶，无法正常发育。因此，育苗过程中应注意保温，在大气较暖时移栽，并覆膜提升地温。

到了生长旺盛时期，叶片变大，下方的侧枝延伸，茎叶变密。此时应适当采摘下方的叶片，保持良好的通风及采光。

在果实尚未长得过大时及早采收，避免剩余。

栽培日程

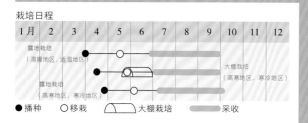

1月	2	3	4	5	6	7	8	9	10	11	12

露地栽培（温暖地区、适温地区）

露地栽培（高寒地区、寒冷地区）

大棚栽培（高寒地区、寒冷地区）

● 播种　○ 移栽　⌒ 大棚栽培　▬ 采收

1 育苗

在3号育苗盆内播种3～4颗种子。

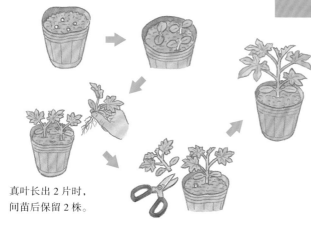

真叶长出2片时，间苗后保留2株。

真叶长出3～4片时保留1株，培育成真叶长出5～6片的苗。

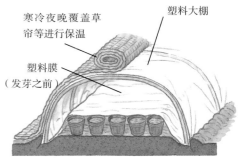

寒冷夜晚覆盖草帘等进行保温

塑料大棚

塑料膜（发芽之前）

不耐低温，小苗时应做好保温。

2 施加基肥

（每株用量）

油粕 5 大勺
化肥 3 大勺
堆肥 4～5 把

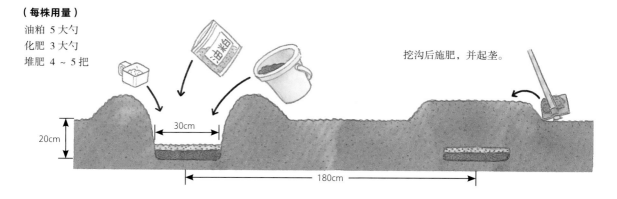

挖沟后施肥，并起垄。

30cm

20cm

180cm

3 移栽

大棚栽培时覆盖塑料膜，提升温度。

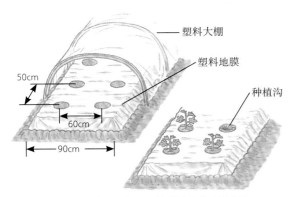

50cm
60cm
90cm

塑料大棚
塑料地膜
种植沟

移栽前几天起垄，并覆盖地膜以提升地温。

4 追肥

移栽后 20 天追肥一次，15 ~ 20 天后再次追肥。

 ○  ×

如果在接近顶部位置开花，是营养不良所导致的。应采摘嫩果并追肥。

（每株用量）
化肥 1 大勺

在田垄的肩部至过道之间施撒肥料，与土混合堆高于田垄。

（ 花盆栽培 ）

每株的开花数量少，花盆栽培时每处植入 2 株可收获较多果实。如生长过密，可适当摘叶。

5 铺设稻草

光照强、土壤干燥时，应铺设稻草。

6 摘叶

下叶过密时，坐果节以下保留 1 ~ 2 片，其余叶片摘掉。

坐果节

生长极旺盛时，坐果节以下的叶片全部摘掉。

7 采收

开花后 7 ~ 10 天，长度达 6 ~ 7cm 时口感最佳，适宜采收。

截面为整齐的五边形，品质优良。

果梗硬，必须用剪刀剪取。

公元前，埃及、印度等已有栽培，公元6世纪传播至日本。食用种子部分，并不是严格意义上的蔬菜。用途广泛，富含营养。

○**品种** 可分为白芝麻、黑芝麻、褐芝麻。含油量少，气味芬芳，收获量大的黑芝麻最常用。

芝麻

栽培日程

1月	2	3	4	5	6	7	8	9	10	11	12

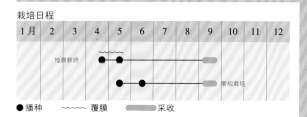

● 播种　～～～ 覆膜　▬▬ 采收

○**栽培的关键** 在20℃以上的环境中发芽，所以应在气温足够暖时播种。并且，应选择排水及光照条件良好的田地。氮含量较多容易引起倒伏，肥沃的蔬菜田应控制施肥量。如种植过密，茎叶可能生长柔弱，容易倒伏，且不易开花，应注意间出管理。

茎部的果实成熟期并不一致，需要判定是否适宜采收。籽实容易脱粒，采收时应小心仔细。

1 整地

（**每平方米用量**）
堆肥 6～7 把
石灰 2～3 大勺
化肥 3 大勺

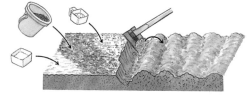

播种之前一个月在田地整面施撒肥料，深耕15cm左右。

2 种植沟及苗床

种植沟

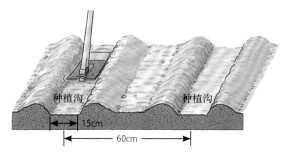

种植沟　　　　种植沟

15cm

60cm

用锄头仔细挖出 5～6cm 的深种植沟，将底面整平。

苗床播种

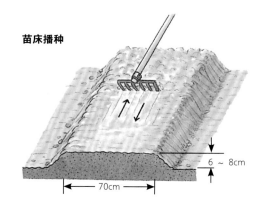

6～8cm

70cm

3 播种

沟道播种

以 1～2cm 间隔整面播种。

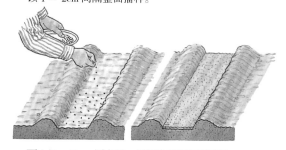

覆土 5～7mm 厚之后，用锄头背面轻轻按压。

苗床播种

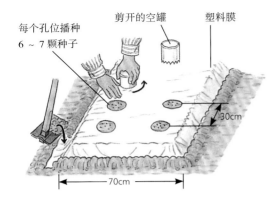

每个孔位播种
6 ~ 7 颗种子

剪开的空罐

塑料膜

30cm

70cm

4 间苗

沟道播种

生长高度达到 2 ~ 3cm 时，间苗
至 5 ~ 6cm。

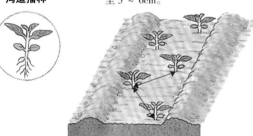

生长高度达到 7 ~ 8cm 时，
间苗至 15 ~ 16cm。

苗床播种

生长高度达到 7 ~ 8cm 时，保留 2 株。

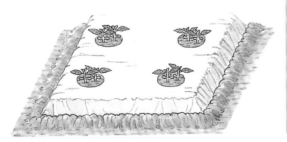

5 追肥

（田垄每米用量）
化肥 2 大勺

生长高度达到 30 ~ 40cm 时，
在种植行一侧挖浅沟，施撒
肥料之后培土。

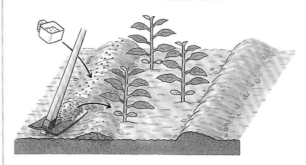

6 采收及调制

下叶枯萎，外壳变黄，开始
裂开 2 ~ 3 个时，从根部割下，
放熟 1 周左右。

外壳变黄，不久
开始裂开。

从根部割下。

摘掉剩下的
绿叶。

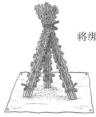

将绑起的茎交叉立起，放熟 1 周左右。

外壳基本都裂开时，铺上垫子，
使种子（芝麻）落在上方，筛
选后充分晾晒。

洋蓟

两个拳头大小的块茎（花蕊）部分可蒸煮后食用，或制作沙拉。生长高度可达 1.5m，栽种之后，冬季地上部分枯萎。到了初春，株根开始萌芽，可连续采收 5 ~ 6 年。

○品种　具有代表性的，包括意大利品种"Selected Large Green"、法国品种"Canyzet Bretagne"等。

○栽培的关键　基本没有售卖的苗，需要获取种子后自己育苗。夏末，株根长出分生芽，也可将其分开繁殖。

此外，应选择排水条件良好的田地。因为是多年作物，施加基肥及冬季施肥时应充分添加粗制堆肥，使其根系稳固。较多大风的环境下，还要搭建支架。注意蚜虫，提前做好防治。采收从第 2 年开始，不得提前。

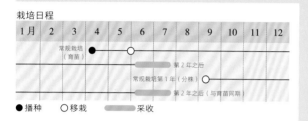

栽培日程

1月	2	3	4	5	6	7	8	9	10	11	12

常规栽培（育苗）

第 2 年之后

常规栽培第 1 年（分株）

第 2 年之后（与育苗同期）

● 播种　○ 移栽　　　采收

1 育苗

种子大小与米粒相当。

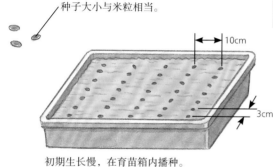

初期生长慢，在育苗箱内播种。

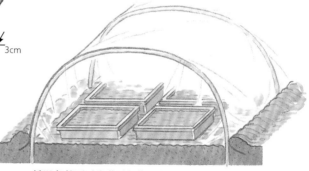

低温条件下对发芽及初期生长不利，应覆盖塑料大棚进行保温。

真叶长出 2 片时，移栽至 3 号育苗盆。

培育成真叶长出 4 ~ 5 片的苗之后，移栽至田地内。

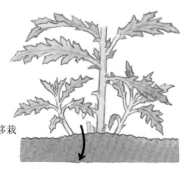

9 月左右，可摘取植株周围长出的子株（分生芽）进行繁殖。

2 整地及施加基肥

移栽前 1 个月施撒石灰，并充分翻耕。

石灰

（每株用量）
堆肥 半桶（水桶）
油粕 5 大勺
化肥 2 大勺

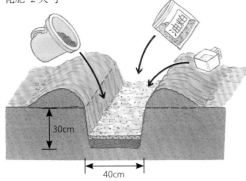

30cm

40cm

3 起垄及移栽

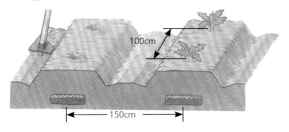

100cm

150cm

4 追肥

（每株用量）
油粕 5 大勺

在田垄肩部施撒肥料，
用锄头轻轻翻耕。

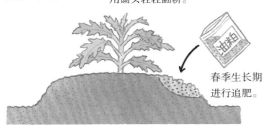

春季生长期
进行追肥。

冬季休眠期的施肥

（每株用量）
堆肥 5 把
油粕 5 大勺
化肥 2 大勺

遇到寒冷天气，叶片枯萎。

5 害虫防除

杀虫剂

蚜虫

到了春季，开始快速生长。此时容易出现蚜虫，在初期发现时喷洒药剂进行防除。

6 采收及使用

移栽后第 2 年的 6 月左右，
花蕾开始膨大时，用剪刀从
"颈部"摘取采收。

初期稍稍提前采收，竖直
切开确认内侧状态。

花萼

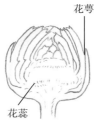

花蕊

将整个花蕾煮 15 分钟，将花萼逐
片剥下，食用其根部的多肉部分。
中心部分的花蕊（块茎）可搭配
鹅肝、大虾等作为前菜，也可搭
配苹果、旱芹作为沙拉或馅料。

煮过之后，这部分的少许肉可蘸
酱吃。

圆白菜

各种菜肴的重要材料，富含维生素，名副其实的健康蔬菜之王。

适宜在冷凉气候条件下生长，但可栽培的适宜温度范围为 5 ~ 25℃，且耐寒性强，从北至南的广泛地区均可栽培。不用挑选土质，也不会出现连作危害，适合家庭菜园种植。

○**品种** 各播种时期对应的品种大为不同，应仔细挑选合适的品种进行种植。夏季播种年内采收的，包括"早生秋宝""彩风"等。夏季播种冬季至次年春季采收的，包括温暖地区的"金系 201 号"，常温地区的"中早生"，寒冷地区的"春福""渡边早生丸"等。此外，春季播种初夏采收的，包括"YR50 号""夏山""MISAKI"等耐暑性种类。

○**栽培的关键** 夏季播种育苗时，应选择清凉场所进行，并利用能够遮挡强光的遮光材料。秋季播种次年春季采收的品种，会出现春季长梗的问题，应正确选择品种及适宜播种时期。

容易出现夜盗虫、小菜蛾等，特别需要注意提前发现、提前防除。

栽培日程

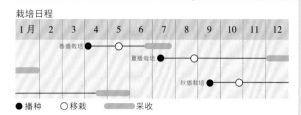

● 播种　○ 移栽　　　采收

1 育苗

育苗托盘
每个孔位播种 4 ~ 5 颗种子。

发芽之前，盖上报纸。

间苗
真叶长出后，保留 2 ~ 3 株。

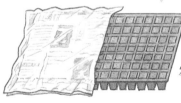

真叶长出 2 片后，保留 1 株。

培育成真叶长出 4 片的苗。

育苗盆
如种植数量较少，可直接在育苗盆内播种培育。

将育苗盆放入网格箱内，方便搬运管理。

每盆播种 4 ~ 5 颗种子。

全部发芽之后，间苗后保留 3 株。

真叶长出 1 ~ 2 片时，间苗后保留 1 株。

液肥

培育成真叶长出 5 ~ 6 片的苗。

观察叶色，适当施加液肥。

2 整地

田地空着时，整面施撒石灰，并深耕。

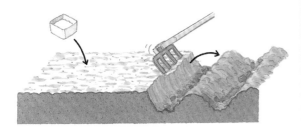

3 施加基肥

（田垄每米用量）

堆肥 5 ~ 6 把
化肥 2 大勺
油粕 2 大勺

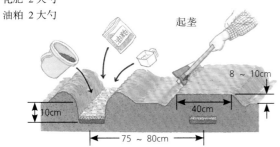

起垄

8 ~ 10cm

10cm

40cm

75 ~ 80cm

4 移栽

早生品种

30 ~ 40cm

中晚生品种

40 ~ 45cm

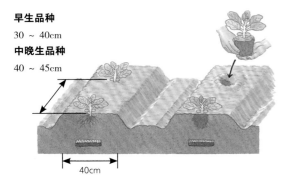

40cm

土壤干燥时应充分浇水，为避免根系损坏，应将苗小心取出之后移栽至田地内。

5 追肥

第 1 次
（**每株用量**）
化肥 1 大勺

第 2 次及之后
（施肥量与第 1 次相同）
20 天之后在另一侧（第 1 次相反侧）的田垄内施撒肥料，并培土。

第 1 次追肥在移栽后 15 ~ 20 天，对田垄一侧施撒肥料，并培土。

最后一次追肥应在开始结球时，在另一侧（上一次的相反侧）施肥。

6 害虫防除

早期发现，按①、②的顺序在叶片的背面及正面仔细喷洒药剂。

直接覆盖防虫网，还能避免被风吹散。

7 采收

试着用手按压，若坚硬紧实则适宜采收。

采收适宜时期

裂球

用手按压使其倾斜，刀送入株根后切下。

如采收不及时，可能产生裂球。

长梗

初春时顶部变尖，进入冬季之前生长过度，内部的花茎伸出，即将出现长梗。所以，应及早采收。

西蓝花

含有维生素 C、胡萝卜素、铁的绿黄色蔬菜的代表种类。呈深绿色，口感独特，越新鲜越美味。

○品种　品种多样，包括极早生的"早生绿""HAITU"，晚生的大型品种"Green Veil""Endeavor"等。各品种的播种时期、采收时期、生长周期大为不同，确认清楚特性之后选择合适的品种栽种。

○栽培的关键　适宜在具有保水力且富含有机质的土壤中栽培，应充分施加优质的堆肥及油粕。根部不耐湿，容易腐烂、枯萎，应避免积水，注意田地排水。

早生品种宜在 7 月上旬播种，中晚生品种在 7 月中下旬播种。

适宜在通风良好的清凉环境下培育，天晴时注意遮挡光照，在距离苗床 90cm 高的位置搭设草帘或黑寒冷纱，防止温度上升过度。采用育苗托盘种植，搬运较为方便。

栽培日程

1月	2	3	4	5	6	7	8	9	10	11	12

春播初夏收栽培
夏播冬收栽培
（中晚生品种）

●播种　○移栽　　　采收

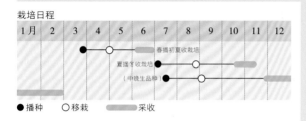

1 整地

之前作物整理干净之后，施撒石灰，深耕至 20 ~ 30cm。

2 育苗

苗床

稻草　　　9cm

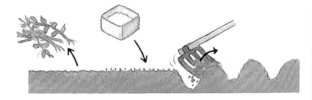

依次间苗，避免叶片重合。

真叶长出 1 ~ 2 片时，移栽至苗床。

草帘或黑寒冷纱

支撑　　12cm

12cm

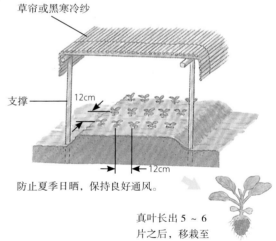

防止夏季日晒，保持良好通风。

真叶长出 5 ~ 6 片之后，移栽至田地内。

育苗托盘

选择 128 孔育苗托盘。

每个孔位播种 2 ~ 3 颗种子，全部发芽之后间苗，保留 1 株长势较好的。

真叶长出 3 片时，移栽至田地内。

3 施加基肥

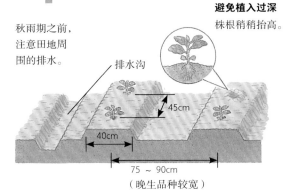

（种植沟每米用量）
油粕 5 大勺
化肥 3 大勺
堆肥 7 ~ 8 把

15cm

15cm

土回填后制作苗床。

4 移栽

秋雨期之前，注意田地周围的排水。

避免植入过深
株根稍稍抬高。

排水沟

45cm

40cm

75 ~ 90cm
（晚生品种较宽）

5 追肥及中耕

第 1 次（每株用量）
油粕 1 大勺
化肥 半大勺

在田垄一侧挖浅沟，施肥。使土壤松软，并在田垄侧培土。

第 2 次及之后
每 20 ~ 30 天追肥 3 ~ 4 次
（每株用量）
化肥 1 大勺

支架

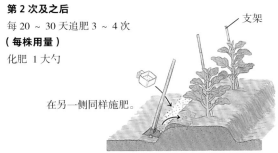

在另一侧同样施肥。

在容易倒伏的时期搭建支架。

6 害虫防除

后期如有虫害发生，会进入花蕾中，趁还未多发提前防除。

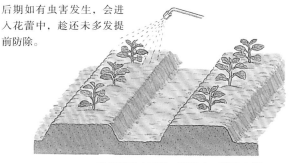

容易出现小菜蛾、夜盗虫、菜青虫等。

7 采收

顶花蕾

用刀切取。

在植株周围追肥，加速生长，使其长出较好的侧花蕾。

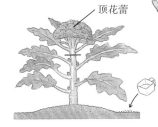

侧花蕾

体形小，但采摘下来一起食用，口感丝毫不会逊色。

徒手或使用剪刀摘取。

（茎西蓝花）（76 页）

茎部较多的改良品种，可长时间持续采收。

用剪刀剪取。

茎部有芦笋风味，口感好。

75

茎西蓝花

花茎长，顶端带有小型花蕾的新品种西蓝花。茎部柔软、带有甜味，与常见的西蓝花口感稍有不同。耐热性强，容易培育，且采收周期也很长。

○**品种**　市场售卖的茎西蓝花较为少见。

○**栽培的关键**　为了长出更多粗壮、优质的花茎，应在基肥中充分施加优质的堆肥及有机质肥料，使根系变得强韧，促进生长。生长旺盛之后，中心部分稍大的顶花蕾变得明显，其周围长出许多侧花蕾。这种顶花蕾应及早采收，从而加速侧花蕾的生长。

进入采收期之后，应及时追肥。并且，夏季如气候干燥，可灌溉或铺设稻草。分枝较多，植株上方较重，强风环境下应提前搭设支架。容易出现十字花科常见的害虫，特别需要提前发现、提前防除。

栽培日程

1月	2	3	4	5	6	7	8	9	10	11	12

温暖地区·适温地区

普通地区

凉爽地区·寒冷地区

● 播种　　○ 移栽　　▬ 采收

1 育苗

数量少时

5 ~ 6 颗种子

种子小，覆土厚度应为 1 ~ 2mm 左右，需要小心。

真叶长出 2 片时，间苗后保留 1 株。

3 号育苗盆

真叶长出 4 ~ 5 片时，移栽至田地内。

数量多时

128 孔的育苗托盘方便培育。
播种 3 ~ 4 颗种子，间苗后每个孔位保留 1 株。

趁着育苗托盘尚未过密，移栽至田地内。

2 施加基肥

（种植沟每米用量）
堆肥 5 ~ 6 把
化肥 3 大勺
油粕 3 大勺

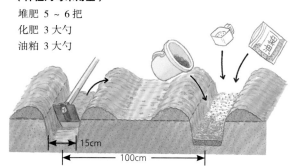

15cm

100cm

3 移栽

田地干燥时，对株根稍稍浇水。初春如浇水过多，可能导致地温下降，影响生长。

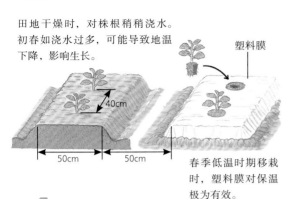

塑料膜

40cm

50cm 50cm

春季低温时期移栽时，塑料膜对保温极为有效。

4 追肥

第 1 次 （各行每米用量）

化肥 1 大勺

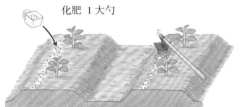

生长高度达到 15 ~ 20cm 时，在植株一侧追肥，稍加翻耕，与土壤混合。

第 2 次 （各行每米用量）

化肥 2 大勺

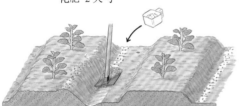

侧枝长出时，在过道侧施肥，培土于苗床上。

第 3 次及之后 （各行每米用量）

化肥 2 大勺

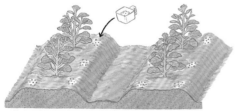

到了收获时期，每隔 10 ~ 15 天在苗床各处施撒 1 次肥料。

5 管理

茎部容易倒伏，在风力强的环境下应提前搭设支架。

为了在夏季长出许多优质的花蕾，应灌溉、铺设稻草。

为了促进侧花蕾的生长，顶花蕾直径达到 5cm 左右时应及早采收。

6 采收及使用

采收茎部不断生长的侧花蕾。

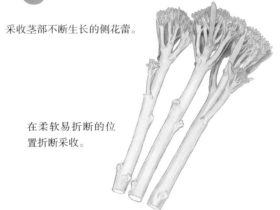

在柔软易折断的位置折断采收。

煮汤

炒菜

沙拉

茎部柔软，带有甜味。可炒熟食用，适合用于多种料理。

花椰菜

西蓝花突然变异之后的白化品种。由于是白色，且口感有嚼劲，适合东西方的各式烹饪。

○**品种** 包括极早生的"白秋"，早生的"Snowcrown"及"Baroque"，中早生的"Biadal"，晚生的"Snowmarch"等。此外，还有"紫""珊瑚礁"等变色品种。

○**栽培的关键** 花蕾发育的适宜温度为10～15℃。如遇到高温，就会出现松散、不紧实的异常花蕾，所以夏季播种之后秋季采收最适合。或者，春季播种之后加温育苗，尽量做到初夏采收也是可行的。

不同品种的早晚特性差异较大，选择对应正确时期的品种尤为关键。购买种子时，应确认品种的特性及播种时期。

夏季，应在凉爽场所播种、发芽，并做好遮光措施。春季播种时，应注意保温育苗。在圆白菜的"近亲"中，花椰菜属于生长高度比较矮的，夏季栽培须注意灌溉及铺设稻草，促进初、中期生长是关键。此外，还要注意害虫防除及降雨时的排水。

栽培日期

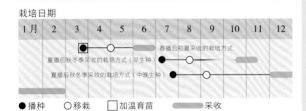

1月	2	3	4	5	6	7	8	9	10	11	12

春播后初夏采收的栽培方式

夏播后秋季冬季采收的栽培方式（早生种）

夏播后秋季采收的栽培方式（中晚生种）

●播种　○移栽　□加温育苗　　采收

1 育苗

真叶开始长出时，以 2cm 间隔间苗。

9cm

真叶长出 2 片时，移栽至苗床。

如数量少，可直接在育苗盆内播种育苗。

生长过程中注意间苗，最后保留 1 株。

夏季育苗

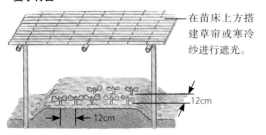

在苗床上方搭建草帘或寒冷纱进行遮光。

12cm

12cm

初春的育苗

使用塑料大棚保温。

2 整地

石灰

之前作物清理干净之后，尽早施撒石灰，并深耕 20～30cm。

（田垄每米用量）

堆肥 7～8 把
化肥 3 大勺
油粕 5 大勺

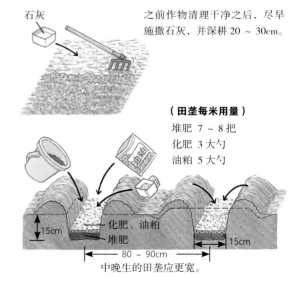

15cm

化肥、油粕

堆肥

80～90cm

15cm

中晚生的田垄应更宽。

3 移栽

极早生及早生品种长出 5 ~ 6 片真叶时移栽至田地内，中生及晚生品种长出 7 ~ 8 片真叶时移栽至田地内。

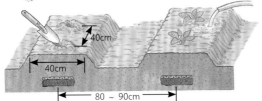

40cm
40cm
80 ~ 90cm

移栽完成之后，在植株周围充分灌溉。

（株根出现排水不畅是大忌）

○ 最佳

株根稍稍抬高最佳。

× 植入过深

× 植入过浅

4 追肥

施加肥料，使土壤松软，培土于田垄。

第 1 次
移栽后 20 天
（每株用量）
化肥 1 大勺

第 2 次
上一次之后 1 个月
（每株用量）
化肥 2 大勺

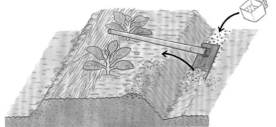

5 病虫害防除

最怕出现小菜蛾、夜盗虫、菜青虫等。

发现时，应及早喷洒药剂。

6 花蕾的保护管理

花蕾直径达到 7 ~ 8cm 时，注意防寒及保护花蕾。

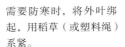

需要防寒时，将外叶绑起，用稻草（或塑料绳）系紧。

在不太寒冷的地区，撕下叶片盖住花蕾（如同帽子一样）。

7 采收

花蕾出现后，早生品种 15 天后采收，晚生品种 30 天后采收。

即使是颜色或形状特别的稀有品种，也要在花蕾紧密时采收。

紫

珊瑚礁

球芽甘蓝

将茎部长出的腋芽改良为结球状的圆白菜变种，维生素 C 含量是圆白菜的 3 倍，是一种营养丰富的蔬菜。耐寒性极强，但不耐暑，高温环境下难以结球。

○**品种** 品种尚无太多分化，代表品种包括"子持""早生子持""Family7"。

○**栽培的关键** 茎部长出 30 ~ 40 片叶子，粗达 4 ~ 5cm 以上，才能长出许多优质的结球。应对田地施加足够的优质堆肥，促进生长。生长周期长，期间须追肥 3 ~ 4 次，避免缺肥。

禁不住夏季的高温干燥，需要铺设稻草。并且，培育太大容易倒伏，在风力强的环境下应提前搭建支架。

此外，根据生长状态，应及时对下方及中段进行摘叶，并及早摘除下方的腋芽、小球等。

栽培日程

1月	2	3	4	5	6	7	8	9	10	11	12

露地栽培（寒冷地区）

露地栽培（温暖地区）

● 播种　　○ 移栽　　▬ 采收

1 育苗

在育苗箱内播种，之后移栽至苗床。

8 ~ 9cm

在育苗箱内条播。

全部发芽之后，为避免叶片过密重叠，应间苗 1 ~ 2 次，真叶长出 2 片时移栽至苗床。

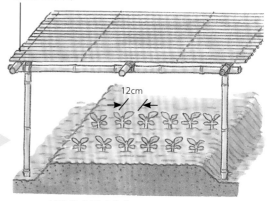

遮光网或竹帘

12cm

铺设遮光网或竹帘。

如种植数量较少，可直接在育苗盆内播种。

在直径 9cm 的育苗盆内播种 5 ~ 6 颗种子。

生长过程中注意间苗，真叶长出 2 片时保留 1 株。

培育成真叶长出 5 ~ 6 片的苗。

2 施加基肥及起垄

（种植沟每米用量）
堆肥 5 ~ 6 把
化肥 2 大勺
油粕 4 大勺

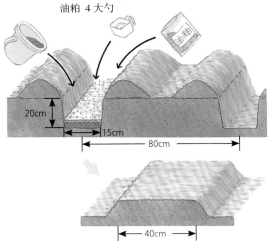

20cm
15cm
80cm

40cm

3 移栽

轻轻按压株根，避免倒伏。

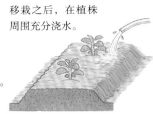

移栽之后，在植株周围充分浇水。

4 追肥及搭架

第一次追肥
下方的腋芽开始结球时，在田垄一侧挖浅沟并施肥，土壤回填之后起垄。

腋芽

（田垄每米用量）
化肥 3 大勺

第 2 次追肥
20 ~ 25 天之后，在另一侧（第 1 次的相反侧）同样施肥。之后，根据生长状况，追肥 2 次左右，避免缺肥。

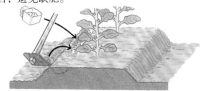

5 铺设稻草

进入高温干燥期之后，在田垄整面铺设稻草。

6 摘芽及腋芽处理

上方长出的 10 片左右较大叶子保留至最后。

摘掉下方 4 ~ 5 片已老化的叶片。

随着结球变大，依次摘掉下方长势较差的叶片。

腋芽

长势较差的腋芽应及早摘掉。

7 采收

发育不良

发育良好

从下方依次采收直径达到 2 ~ 3cm 的结球。
如有发育不良的结球，应及早摘掉。

杂交甘蓝

茎部的各叶脉中长出球形腋芽的就是球芽甘蓝，杂交甘蓝的腋芽并不结球，形似生菜。而且，从秋季至冬季，可连续采收，用途广泛，营养价值高，适合家庭菜园种植。

○**品种** 没有具体的品种名称，市场上也没有种子售卖，只能买到杂交甘蓝的幼苗。

○**栽培的关键** 在基肥中施加足量堆肥及油粕，使茎部长粗，生长高度达到 70 ~ 80cm，这就是培育出许多优质腋芽的诀窍。株根稍稍隆起时，小心移栽，并在周围足量灌溉。

成活之后，下方的芽开始生长时进行追肥。之后，观察芽的长势及色泽，适当进行追肥，努力培育出许多优质的腋芽。

此外，应注意小菜蛾、蚜虫的初期防除。建议覆盖防虫网等，预防害虫飞入。

栽培日程

| 1月 | 2 | 3 | 4 | 5 | 6 | 7 | 8 | 9 | 10 | 11 | 12 |

露地栽培（除暴雪地区以外的寒冷地区）

露地栽培（露地栽培）

○移栽　　采收

1 整地

（每平方米用量）

石灰 2 ~ 3 大勺

提前清除之前作物，并施撒石灰，充分翻耕至 20 ~ 30cm 深。

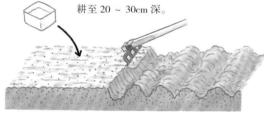

（种植沟每米用量）

堆肥 7 ~ 8 把
油粕 5 大勺
化肥 3 大勺

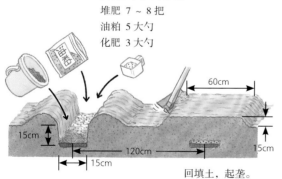

回填土，起垄。

2 移栽

土壤干燥后充分灌溉，再将购买的苗移栽至田地内（移栽时注意避免损伤根部）。

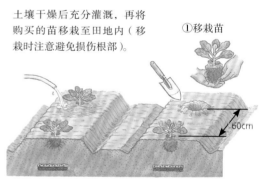

①移栽苗

②灌溉
移栽完成之后，在植株周围充分灌溉。

3 害虫防除

容易出现小菜蛾、蚜虫。早期发现，喷洒药剂。

覆盖防虫网，预防害虫飞入，还能大幅减少药剂喷洒使用量。

4 追肥及培土

下方的腋芽开始长出时，在田垄一侧挖浅沟并施肥，回填土之后起垄。

第 1 次
（田垄每米用量）
化肥 3 大勺
（第 2 次及之后相同）

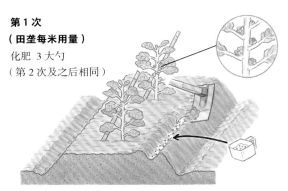

强风环境下，应倾斜搭架支架，进行诱引。

第 2 次
第 1 次之后 20 天
在第 1 次的相反侧的田垄内施撒肥料，并培土。

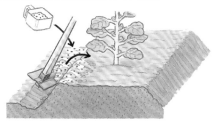

第 3 次
第 2 次之后 1 个月
第 3 次之后在田垄各处施撒肥料，并与土壤混合。

5 管理

夏季铺设稻草，防止干燥。

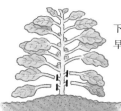

下方长势较差的叶片应及早摘除。

上方长出的 10 片左右较大叶子保留至最后。

出现蚜虫时，应及早摘掉腋芽，防止虫害向上扩散。

腋芽

下方长势较差的腋芽应及早摘掉。

6 采收及使用

腋芽膨大至 4 ~ 5cm 宽之后，适宜采收。随着结球生长，依次从下方采收。

每株可采收 70 ~ 100 个以上。

沙拉　　　　炒菜

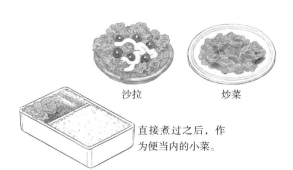

直接煮过之后，作为便当内的小菜。

羽衣甘蓝

茎的根部膨大成球形的奇特形状，又名"绿叶甘蓝""球形甘蓝"。结球甘蓝的变种，卷心菜的原始形态。

与西蓝花茎部的清新口感近似，有嚼劲且带有甜味，只要烹饪合理，就能品尝到美味。

○**品种**　市场售卖的品种极其少见，主要有叶片及球茎为白绿色的"Grand Duke""Sun Bird"，紫红色的"Bumble Bee"。

○**栽培的关键**　适宜冷凉气候下栽种，且比圆白菜更能经受住低温或高温，是最容易种植的蔬菜之一。

通常在田地内条播，依次间苗，保留足够株距。在庭院前或花盆等小面积种植时，可采用育苗盆育苗，真叶长出 5 ~ 6 片之后移栽即可。

栽培日程

1 月	2	3	4	5	6	7	8	9	10	11	12

春播栽培
夏播栽培
秋播栽培

● 播种　　○ 移栽（育苗）　　▬ 采收

1 整地

（每平方米用量）
油粕 5 大勺
化肥 4 大勺

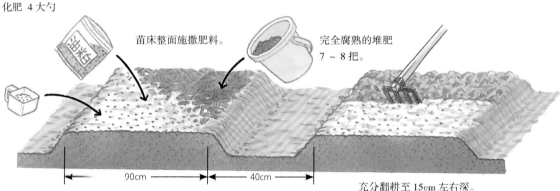

苗床整面施撒肥料。

完全腐熟的堆肥 7 ~ 8 把。

90cm　　40cm

充分翻耕至 15cm 左右深。

2 播种

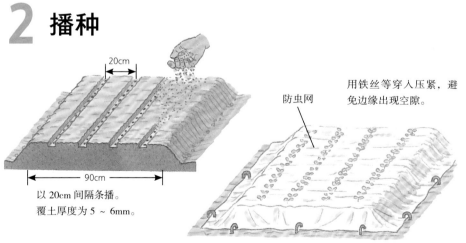

20cm

90cm

以 20cm 间隔条播。
覆土厚度为 5 ~ 6mm。

防虫网

用铁丝等穿入压紧，避免边缘出现空隙。

春播时，生长过程中容易出现虫害，可铺设无纺布等进行防虫。

如果培育数量少，也可在育苗盆内育苗之后移栽。

培育方法参照"球芽甘蓝"（80 页）。

3 间苗

叶片向侧面展开，所以应扩大株距。

真叶长出 12 片时，
按 3 ~ 4cm 的株距
间苗。

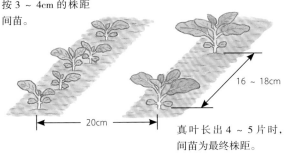

20cm

16 ~ 18cm

真叶长出 4 ~ 5 片时，
间苗为最终株距。

4 追肥

第 1 次
（田垄每米用量）
化肥 1 大勺

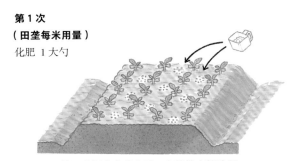

第 1 次间苗完成之后，在植株之间追肥。

第 2 次
（田垄每米用量）
化肥 2 大勺

使用小型除草锄
头，将肥料与土
壤稍加混合。

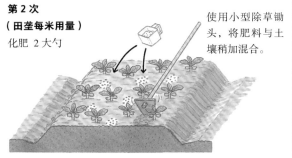

第 2 次间苗完成之后，在植株之间追肥。

（可作为盆栽观赏）

在浅盆或小型花盆内，以 15cm 间
隔种植 2 株或多株。

摘掉杂乱的叶片并放在桌
上，使球茎露出，可供观赏。

紫红色、白绿色的多彩搭配

5 摘叶

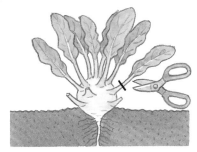

球茎侧面长出的叶片剪掉（保留 2 ~ 3cm），
促进球茎膨大。上方必须保留 5 ~ 6 片成熟
叶片。

6 采收

球茎膨大至 7 ~ 8cm 时，从根部
挖出采收。

1cm

球茎下方 1cm 左右较
硬，无法食用，将其
切除。

7 使用

糖渍
腌渍

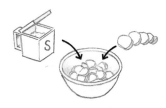

剥皮后切薄，用盐揉搓。

还能用作酱汁、炒菜、
煮菜、沙拉。

用报纸包住，置于阴凉处
能保鲜半个月左右。

汤或炖菜

大白菜

纤维柔软，口感清淡，是制作泡菜、火锅涮菜等料理时不可或缺的冬季蔬菜。

○品种　大致可分为结球种、半结球种。结球种进一步分为抱被形(叶片在顶部重合)、抱合形(对称不重合)，以抱被形居多。具有代表性的品种包括早生的"黄心"类及"耐病60日"，中生的"Orange Queen"及"彩明"等。除此之外，还有半结球的"花心"及"山东菜"，小型且有嚼劲的"沙拉"等。

○栽培的关键　适宜生长温度为15 ~ 20℃，需要在此条件下使其快速生长，所以播种时期极为关键。应根据地区及品种选择合适的播种时期。球茎由许多叶片（70 ~ 100片）构成，为获得较大球茎，应充分发挥肥料作用，加速生长。

蚜虫、夜盗虫、小菜蛾等会造成严重危害。喷洒药剂不可或缺，建议使用防虫网等。

栽培日程

1月	2	3	4	5	6	7	8	9	10	11	12

露地栽培（早生种）●○　采收

露地栽培（中晚生种）●○　采收

●播种　○移栽　采收

1 育苗

苗床播种

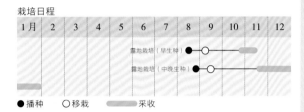

发芽

播种后7 ~ 8天间苗一次，4 ~ 5天后再次间苗。

播种后16 ~ 18天（真叶4 ~ 5片），移栽至田地内。

育苗托盘

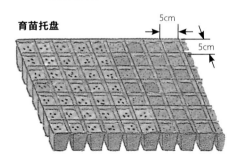

 用指尖戳孔，每个孔位播撒3颗种子。

 覆土厚3mm。

真叶长出2片时，间苗保留1株。

全部发芽时，间苗保留2株。

趁着叶片尚未长密时移栽。

真叶4 ~ 5片（小苗）。

2 整地及施加基肥

至少提前半个月施撒石灰，并深耕。

（田垄每米用量）

化肥、油粕 各5大勺

临近移栽之前，在田垄整面施撒，深耕至15 ~ 18cm。

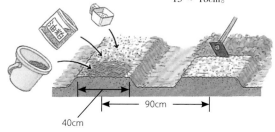

90cm

40cm

3 移栽

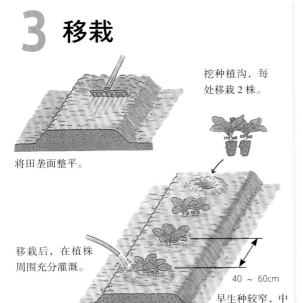

将田垄面整平。

挖种植沟，每处移栽 2 株。

移栽后，在植株周围充分灌溉。

40 ～ 60cm

早生种较窄，中晚生种较宽。

4 间苗（定株）

真叶长出 6 ～ 7 片时，间苗后保留 1 株。同时，摘除长势较差的、叶片形状或颜色不好的植株。

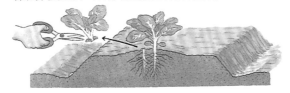

间苗为 1 株后，应少量培土，避免株根摇晃不稳。

5 追肥

第 1 次

移栽后 20 天，在植株周围施撒肥料，与土壤稍加混合。

第 2 次

第 1 次追肥 20 天后，在田垄一侧追肥（与第 1 次同量），并培土。

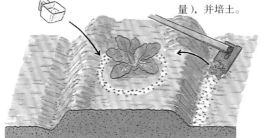

第 3 次

田垄完全被叶片覆盖之前，第 3 次追肥（与第 1 次同量）。

在植株之间各处施撒，注意避免损伤叶片。

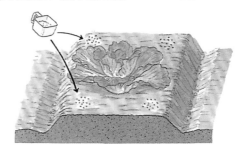

6 采收

试着用手按压，坚硬紧实则适宜采收。

用手按压使其倾斜，刀送入株根后切下。

将外叶绑起之后，耐寒能力让人吃惊，可在田地内放置很久。

（病害虫防除）

在苗床或田地内铺设防虫网，或者喷洒杀虫剂。

田地的防虫网在 20 ～ 30 天后拆除。

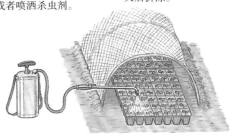

田垄整面铺设反射膜，预防蚜虫飞入，避免病害。

黑色

银色

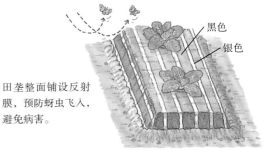

绍菜

大白菜的一种，但属于直立性，结球形状为长圆柱形。叶片并不像普通大白菜一样紧紧包起，容易撕开。并且，叶片较长，方便用于包裹其他食材。高温加热后容易变软、收缩，适合制作炒菜。

○品种　相比大白菜，其用途较少。近年来在市场上偶有出现，品种也较少，"绿塔绍菜""CHIHIRI–70"相对容易获得。

○栽培的关键　为了采收到叶片数量多且品质优良的菜，应充分耕田，施加足量基肥。

生长较高，容易被风吹倒，风力强的环境下应在田地周围搭设防风网。每处植入2株苗，确认生长顺利之后间苗保留1株。此外，应注意夜盗虫、小菜蛾等害虫的防除。

栽培日程

1月	2	3	4	5	6	7	8	9	10	11	12

常规栽培（凉爽地区）
常规栽培（温度地区）

● 播种　　○ 移栽　　■ 采收

1 育苗

每个孔位播种3～4颗种子，覆土厚2mm左右。

128孔的育苗托盘较为方便。土使用育苗专用土。

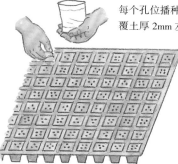

长出双叶时，间苗后保留3株。

真叶长出3片时，保留1株。

注意灌溉。托盘外缘容易干燥，应多灌溉。

2 整地及施加基肥

播种前半个月，深耕田地。

（每平方米用量）
堆肥 4～5 把
石灰 3 大勺

临近移栽之前，在田垄整面施撒，深耕至15～18cm。

（每平方米用量）
化肥 3 大勺
油粕 5 大勺

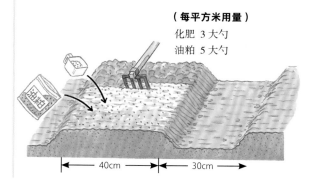

40cm　　30cm

3 移栽

挖种植沟，每处移栽 2 株。

移栽后，在植株周围充分灌溉。

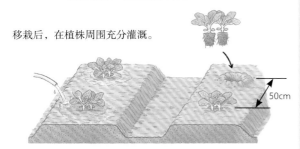

50cm

4 间苗（定株）

移栽 10 ~ 12 天后，保留长势较好的 1 株。

间苗后，应少量培土，避免株根摇晃不稳。

5 追肥

第 2 次
第 1 次追肥后 20 天左右
（**每株用量**）
化肥 半大勺

第 1 次
真叶长出 5 ~ 6 片时
（**每株用量**）
化肥 半大勺

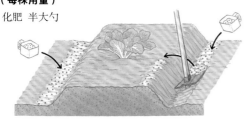

在过道施撒肥料，用锄头翻土起垄。第 2 次追肥在第 1 次的相反侧。

第 3 次
中心部位的叶片立起，开始结球时在植株之间各处施撒。

（**每株用量**）
化肥 1 大勺

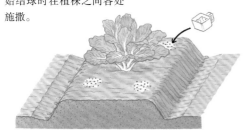

6 害虫防除

可在苗床内铺设防虫网或寒冷纱，也可喷洒杀虫剂。田地种植的处理方法相同。

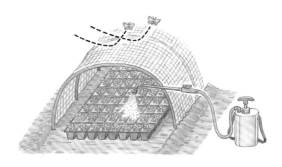

7 采收及储藏

试着用手按压，坚硬紧实则适宜采收。如果是自家食用，也可在此之前采收。

用手按压使其倾斜，刀送入株根后切下。

进入严寒期之前的 12 月上旬，将顶部轻轻绑起，抵御冻害。如果需要长时间后使用，可置于屋檐下储藏。

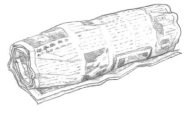

采收之后用报纸包住，可长期储藏。

小松菜

由芜菁分化而成的代表品种。在东京的小松河附近培育而成，所以称作小松菜。

钙含量较多的蔬菜之一，铁、维生素 B 及维生素 C 等含量也很丰富。并且，耐寒、耐暑，还能连作多次，可常年栽培。培育方法同样简单，是适合初学者最先尝试种植的蔬菜之一。

○**品种** 叶片形状多为长形、圆形，近年来圆形且叶色较深的更受欢迎。品种包括"圆叶小松菜""GOSEKI 晚生""小樽菜""纹次郎"等。

○**栽培的关键** 在绿色蔬菜不多的高温时期播种之后 25 ~ 30 天，需求量最大的冬季可采收 60 ~ 70 天。所以，对应目标采收日期，确定播种时期是关键。

容易出现小菜蛾、菜青虫等虫害，注意驱除。如果是无农药栽培，可铺设防虫网等。

栽培日程

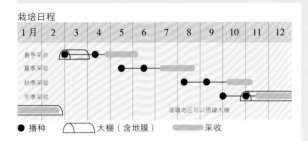

	1 月	2	3	4	5	6	7	8	9	10	11	12
春季采收												
夏季采收												
秋季采收												
冬季采收												

温暖地区可以搭建大棚

● 播种　　⌒ 大棚（含地膜）　　▬ 采收

1 整地

在田地整面施撒石灰及完全腐熟的堆肥，深耕至 15 ~ 20cm。

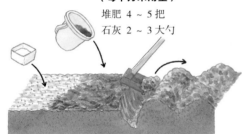

（每平方米用量）
堆肥 4 ~ 5 把
石灰 2 ~ 3 大勺

叶形品种多样，圆形叶片最常见。

长叶　中叶　圆叶

2 施加基肥

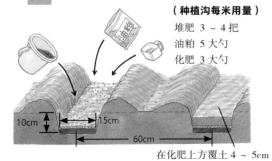

（种植沟每米用量）
堆肥 3 ~ 4 把
油粕 5 大勺
化肥 3 大勺

10cm　15cm　60cm
在化肥上方覆土 4 ~ 5cm

3 播种

沟道播种
前后推动锄头，使底面平整。

种植沟整面细密播种。

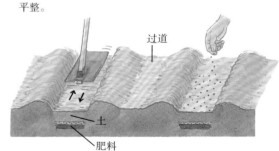

过道
土
肥料

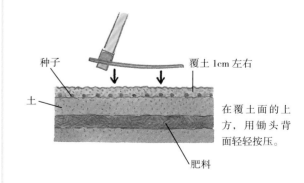

种子
土
覆土 1cm 左右
肥料

在覆土面的上方，用锄头背面轻轻按压。

苗床播种

基肥耕入苗床整面。

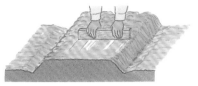

仔细整平成中等高度。

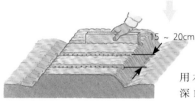

15 ~ 20cm

用木板划出宽2cm、深1cm左右的沟，并播种。

4 间苗

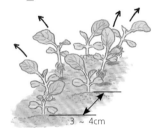

真叶长出 1 ~ 2 片时，间苗距离为 3 ~ 4cm。

间苗拔下的小植株也能作为种苗有效利用。

3 ~ 4cm

5 ~ 6cm

生长高度达到7 ~ 8cm时，间苗距离为 5 ~ 6cm。

5 追肥及翻耕

第1次　（种植行每米用量）
化肥 1 大勺

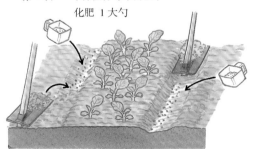

第1次及第2次追肥时，均在间苗之后于种植行侧面挖浅沟施肥。之后，用锄头将土翻耕松软，并培土。

第2次
用量与第1次相同。

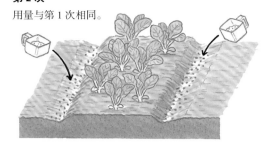

6 防寒

大棚　注意换气，避免白天温度超过 30℃。

在塑料膜上开直径 5cm 左右的孔

塑料膜在顶部对合，白天打开

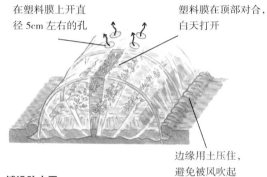

边缘用土压住，避免被风吹起

铺设防虫网

固定好，避免被风吹起。

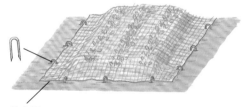

防虫网
选用长纤维或短纤维的无纺布等。

7 采收

掐断采收

挖出采收

生长高度达到20cm之后，挖出采收。

沙拉等用量较少时，掐断采收，可长时间享用。

91

高菜

日本九州地区自古以来就有栽培的腌渍蔬菜之一。从冬季至初春，气味辛香诱人，最近受到更多人喜爱。

○品种　高菜的"近亲"中，包括"三池高菜""鲣菜""紫高菜""长崎高菜""筑后高菜""柳川高菜"等，这些都是地方特有的品种。

○栽培的关键　幼苗期耐寒、耐暑，但长大之后耐寒性变差。特别是在降霜严重的地区，冬季之后需要通过地膜等保温。

在田地内足量施加优质的堆肥及有机质肥料，培育成尽可能大的植株，使叶片长得又厚又大。因此，需要注意追肥。

当年采收时，连着植株一起割取。第二年春季采收时，摘取叶片之后可长期使用。

栽培日程

1月	2	3	4	5	6	7	8	9	10	11	12

露地栽培（育苗）●　○
露地栽培（直接播种）●　●

● 播种　　○ 移栽　　■■ 采收

1 整地

（田垄每米用量）
化肥 3 大勺
堆肥 7 ~ 8 把
油粕 5 大勺

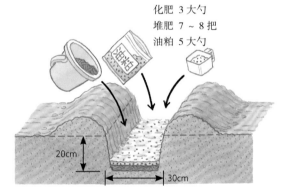

20cm

30cm

2 播种及移栽

育苗

在 3 号育苗盆内播种 4 ~ 5 颗种子。

如植株数量较少，可放入转运箱、育苗箱内，方便管理。

生长过程中依次间苗，真叶长出 3 片时间苗，保留 1 株。

真叶长出 4 ~ 5 片时，移栽至田地。

35 ~ 40cm

直接播种

制作 2 行宽 7 ~ 8cm，深 3 ~ 4cm 的种植沟，
进行播种。

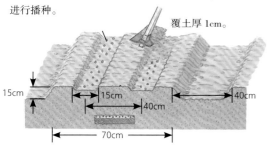

覆土厚 1cm。

15cm

15cm

40cm

40cm

70cm

3 间苗（直接播种）

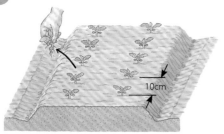

10cm

真叶长出 2 ~ 3 片时，间苗距离为 10cm。

4 追肥

第 1 次

真叶长出 7 ~ 8 片时，在植株周围追肥。

（每株用量）

化肥 半大勺

第 2 次

叶片开始重合时，在田垄两侧施肥。将过道的
土翻耕松软，在田垄侧培土。

（每株用量）

化肥 1 大勺

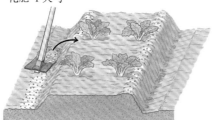

5 防寒

地膜

塑料大棚

注意换气，避免白天温度
超过 30℃。

6 采收

如当年采收，植株长至足够大时，从根部割下整
个采收。

到了春季，植株长大，从下方依次开始
沿着根部掐下叶片，可长期采收。

小白菜

长大之后，厚叶片内侧的茎部开始膨大，并出现肉疙瘩状的突起。肉疙瘩部分柔软，连同外叶一起制作腌菜，具有辛辣、耐嚼的特点。

〇**品种** 品种尚未分化，可购买"疙瘩高菜"等成品种子。

〇**栽培的关键** 具有较强的耐暑及耐寒特性，8 ~ 9 月播种，深秋至冬季采收最合适。

直接播种时采用点播，并注意及时间苗。育苗时，培育成真叶长出 5 ~ 6 片的苗，将株距扩大之后定植。总之，为了培育出优质膨大的疙瘩部分，应在基肥中充分施加堆肥，并注意追肥，促进其快速生长。

生长加速之后，观察叶片内侧疙瘩部分的膨大状态，如膨大则及时采收。刚开始少量采摘，判断口感是否合适。

栽培日程

1月	2	3	4	5	6	7	8	9	10	11	12

露地栽培（育苗） ● ─ 〇 ────
露地栽培（直接播种） ● ● ────

● 播种　　〇 移栽　　▬ 采收

1 整地及施加基肥

在田地整面施撒石灰，深耕至 20cm 左右。

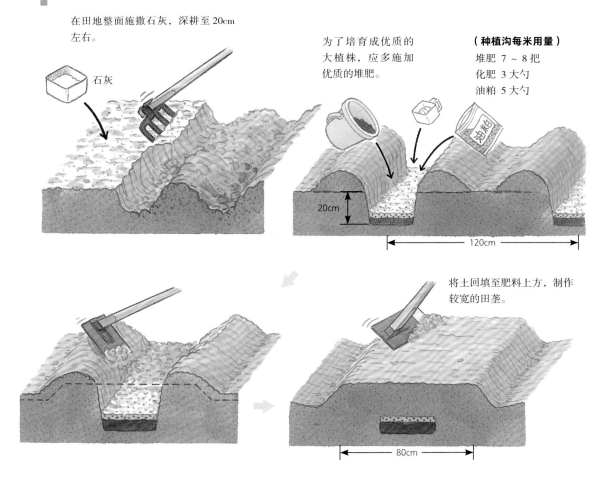

石灰

为了培育成优质的大植株，应多施加优质的堆肥。

（种植沟每米用量）
堆肥 7 ~ 8 把
化肥 3 大勺
油粕 5 大勺

20cm

120cm

将土回填至肥料上方，制作较宽的田垄。

80cm

2 播种及移栽

直接播种

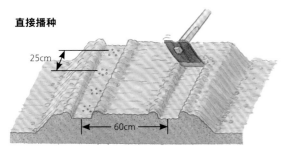

每处播种 5 ~ 6 颗种子，发芽之后依次间苗，仅保留 1 株优质的植株。

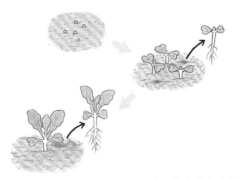

育苗

在 3 号育苗盆内播种 4 ~ 5 颗种子，依次间苗之后保留 1 株。

叶片长出 5 ~ 6 片时，移栽至田地内。

移栽时留足株距，方便培育成大植株。

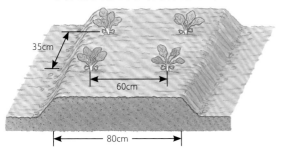

3 追肥及培土

第 1 次
（每株用量）
化肥 半大勺

在植株周围呈圈状施撒肥料，并与土壤稍加混合。

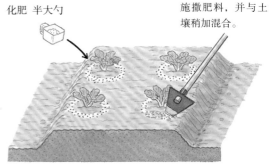

最后一次间苗完成之后，在植株周围追肥。

第 2 次
（每株用量）
化肥 半大勺
油粕 2 大勺

叶片填满植株之间时，在田垄两侧追肥，并将过道的土翻耕松软，同时培土。

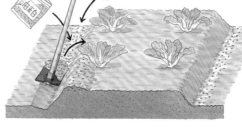

4 采收

植株长大，叶片内侧的疙瘩变大时适宜采收。疙瘩直径通常为 2 ~ 3cm，长度为 4 ~ 5cm。

生长高度 30cm

连着外叶一起制作腌菜，也可用于炒菜。

膨大时质地柔软，且带有独特气味。

芥菜

高菜的近亲，叶片细且结实，生吃时有强烈辛辣味。辛辣成分是黑芥子苷，芥菜种子可作为香辛料。生长周期短，可用于果菜类的前后交接作物或间作，更适宜轮作。

○品种　可分为叶芥菜、黄芥菜、山盐菜等几个品种群。此外，还有从中国引进至日本的品种，在日本国内以"千筋叶芥"的名称进行栽培。市场有售的品种，常见叶芥菜、黄芥菜。

○栽培的关键　种子小，应将种植沟底部整平，仔细播种，创造良好的发芽条件。株距方面，仅采摘嫩叶食用可密集种植，培育大植株则需要保留足够株距。

通常，生长高度达到20cm左右时即可采收。但是，如果到了春季采收，叶片会长大，可品尝到原本的口感。

栽培日程

1月	2	3	4	5	6	7	8	9	10	11	12

露地栽培（春播）
露地栽培（初夏播种）
露地栽培（球播）

● 播种　　采收

1 施加基肥及制作种植沟

（种植沟每米用量）

化肥 2 大勺
堆肥 5 ~ 6 把

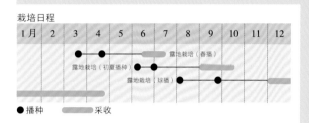

制作宽 15cm 的种植沟，施撒钾肥，上方覆土 10cm，并整平底部。

2 播种

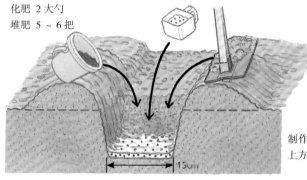

种植沟　　过道　　种植沟

15cm
60cm

在沟内足量播种。种子和种子的间隔为 2cm 左右。

覆土 5mm 左右，用锄头背面按压

种子小，覆土不能太厚。

3 间苗

第 1 次
真叶长出 2 ~ 3 片时，间苗距离为 5 ~ 6cm。

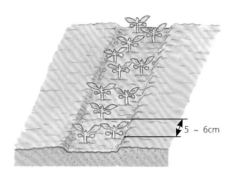

5 ~ 6cm

第 2 次
真叶长出 5 ~ 6 片时，第 2 次间苗。

采收嫩叶

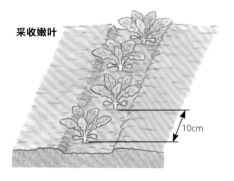

10cm

采收大植株

培育嫩叶时密集种植，培育大植株时保留足够株距。

20cm

4 追肥

第 1 次
真叶长出 5 ~ 6 片时

（种植沟每米用量）
化肥 2 大勺

在种植行一侧施撒肥料，稍稍与土混合。

第 2 次
生长高度达到 10 ~ 12cm 时

（种植沟每米用量）
化肥 2 大勺

在每行中央施撒肥料，翻耕并稍稍培土。

5 采收

生长高度达到 20cm 以上时即可采收。春季采收时长到 25 ~ 30cm，口感丰富。

春播会有抽薹，茎部长出后全部采收。

油菜

早春盛开的油菜花的改良品种，摘取花蕾食用。冬季不耐寒风，应选择光照良好的环境培育。

○品种　温暖地区也要在 2 ~ 3 月左右抽薹，但通过品种改良，秋季开始即可抽薹。当年采收可选择"秋华""早阳一号"，冬季至春季采收可选择"花饰""花娘""冬华"等。

○栽培的关键　应在基肥中充分施加优质的堆肥及油粕等有机肥料，并注意追肥，不得缺肥。如果摘掉花蕾上的芽尖，下方的腋芽就会长出，植株会变大，所以需要较大株距。但是，也可在刚开始时保持过密状态，少量采收之后间苗，扩大株距即可。

同其他十字花科的蔬菜一样，小菜蛾的幼虫是大敌。此外，还要注意蚜虫、夜盗虫的防除，发现害虫应立即捕杀或喷洒药剂。还可使用防虫网等减少药剂喷洒量，同时起到冬季防寒的作用。

栽培日程

1月	2	3	4	5	6	7	8	9	10	11	12

秋冬采收
冬春采收（温暖地区）

●播种　　采收

1 整地

石灰

在预备种植的田地内整面施撒石灰，并翻耕。

2 施加基肥

（每平方米用量）
化肥 4 大勺
油粕 5 大勺
堆肥 5 ~ 6 把

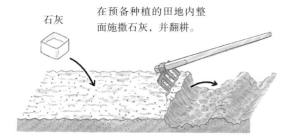

100cm　40cm　140cm　15 ~ 20cm

整面施撒堆肥及肥料，深耕至 15 ~ 20cm。

3 育苗

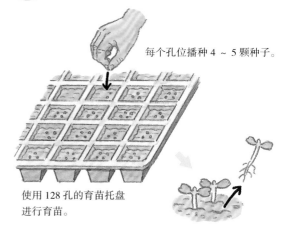

每个孔位播种 4 ~ 5 颗种子。

使用 128 孔的育苗托盘进行育苗。

生长过程中注意间苗，真叶长出 2 片时保留 1 株。

培育成真叶长出 4 ~ 5 片的苗。

4 移栽

真叶长出 4 ~ 5 片时，从育苗托盘中取出后移栽至田地。

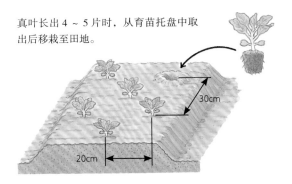

30cm

20cm

（直接播种于田地）

播种

提前在田地整面施撒、耕入与步骤 2 等量的基肥。制作比锄头稍宽的种植沟。

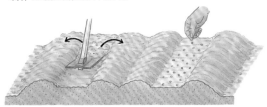

在种植沟整面播撒种子，覆土厚 1cm 左右。

间苗

7 ~ 8cm

30cm

第 1 次
真叶长出 2 片时

第 2 次
真叶长出 5 ~ 6 片时

追肥

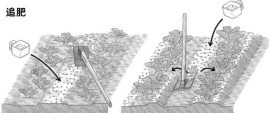

第 1 次
第 2 次间苗后
（种植沟每米用量）
化肥 2 小勺

第 2 次及之后
半个月 1 次
（种植沟每米用量）
化肥 2 大勺

5 追肥

第 1 次
生长高度达到 10cm 时
（每株用量）
化肥 1 大勺

第 2 次之后
半个月 1 次左右
（每株用量）
化肥 1 大勺

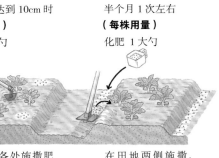

在植株间各处施撒肥料，并与土壤混合。

在田地两侧施撒，并连同土一起堆到田垄上。

6 害虫防除

积极防除蚜虫、小菜蛾等害虫。

喷洒杀虫剂

顶端及下叶的背面也要仔细喷洒。

避免蚜虫等飞入。

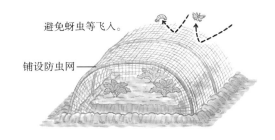

铺设防虫网

7 采收

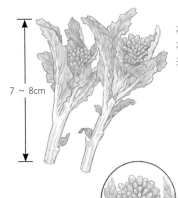

花蕾膨大，即将开花之前，连着茎叶采收。

7 ~ 8cm

不得提前，等到花蕾膨大之后采收。

开花之后及时采收。

水田芥

带有清爽辣味及适度苦味，特别适合用于香辛料，且富含维生素 A、维生素 C、钙、铁，是一种健康蔬菜。

○**品种**　又名水芥菜、西洋菜、豆瓣菜等，选用符合当地土质的品种栽培即可。通常，采摘生长于小河边的野生水田芥食用。

○**栽培的关键**　适宜多湿环境的多年生草本，最适合在水边及湿地等环境下生长。只需注意灌溉，田地或容器内也能轻松培育。

如果种植量少，可使用成品苗培育。如果种植量大，可在田地内播种，之后移栽至花盆中。如果身边有现成的水田芥田地或河边正好有生长旺盛的水田芥，可将枝蔓顶端立起部分剪取 15cm 左右，以 50 ~ 60cm 间隔移栽，使枝蔓继续延伸。

耐暑性及耐寒性都很强，生命力顽强，容易培育。但是，在寒冷地区，为了冬季时能够获得优质的菜叶，需要使用塑料膜保温。

栽培日程

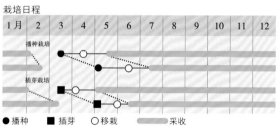

1月	2	3	4	5	6	7	8	9	10	11	12

播种栽培
插芽栽培

●播种　■插芽　○移栽　　　采收

1 育苗

从种子开始培育的方法

购买种子，在育苗箱内条播。

真叶长出 1 ~ 2 片时，换成 3 号育苗盆。

培育成高 7 ~ 8cm 的苗。

使用市售成品插芽的方法

插入杯子中，经常换水。

容易发根。发根之后，移栽至育苗盆内。

各节会长出许多根系，可以剪下 2 节左右作为苗。

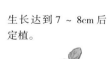

生长达到 7 ~ 8cm 后定植。

2 移栽

水边种植

环境条件最佳，容易培育，粗放管理即可。

苗床种植

制作苗床，以 15cm 间隔育苗，浇灌足量的水。

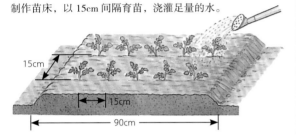

容器种植

在浅育苗箱或花盆中种植。
选择底部开孔的育苗箱，如步骤 3 的下图所示进行灌溉。

3 灌溉

适宜在多湿环境下培育，生长过程中注意经常大量浇水，使其旺盛生长。

河沙 + 泥炭藓等

育苗箱

水（经常加液肥）

木箱等

用小石块等隔开间隙，方便从下方补水。

塑料膜

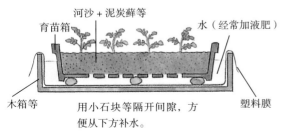

4 追肥

土壤表面变硬之后，用竹筒铲等轻轻翻耕。

液肥

油粕

如枝蔓延伸、叶色变浅，灌溉时注意施加液肥，并在株与株之间施撒少量油粕。

春季，顶端开放可爱的白色小花，形状呈十字。

花

果实

5 采收

用指尖摘取枝蔓顶端柔软部分

最适合搭配肉类菜肴，或者用于凉拌菜等。

芝麻菜

栽培日程

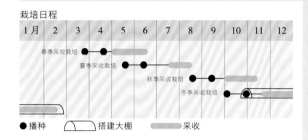

●播种　◯搭建大棚　▬采收

叶片及花带有芝麻的清香，稍有苦味，适合制作沙拉或炒菜。

◯**品种**　品种数量少，通常仅以"芝麻菜""臭菜"等名称售卖种子。

◯**栽培的关键**　种子颗粒小，但发芽率高，直接在田地内播种也能健康生长。生长速度快，短时间内即可采收，是最容易种植的蔬菜之一。

耐寒性非常强，温暖地区在露天环境下也能过冬，且能够连续采收。但是，春季会出现抽薹。此外，不太耐高温，夏季注意使用防虫网等遮光，可获得更多优质菜。

不耐多湿环境，为了在雨季获得优质菜，应注意避雨。

叶片及叶柄较脆，容易折断，注意避免受强风影响。此外，容易出现十字花科常见的害虫。

1 整地及播种

苗床播种

（每平方米用量）

堆肥 7 ~ 8 把
油粕 5 大勺

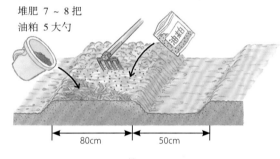

用木板划出宽 2cm、深 1cm 左右的沟，并播种。

以 1 ~ 1.5cm 间隔条播种子。覆土厚度为 0.7 ~ 1cm。真叶长出 2 片时间苗，保持 4 ~ 5cm 株距。

沟道播种

（种植沟每米用量）

堆肥 3 ~ 4 把
油粕 2 大勺

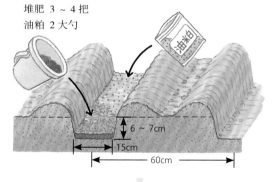

在肥料上方覆土 4 ~ 5cm，前后移动锄头，整平沟底。

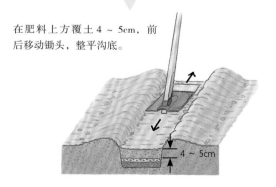

以 2cm 间隔播种。

覆土厚 0.7 ~ 1cm，用锄头背面在其上方轻轻按压。
真叶长出 2 片时间苗，保留 4 ~ 5cm 间隔。

2 追肥及中耕

苗床
第 1 次（每列用量）
化肥 半大勺

真叶长出 3 ~ 4 片时，在每行
之间施撒肥料，并与土壤混合。

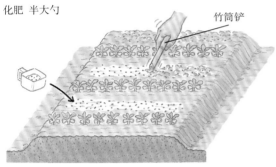

竹筒铲

第 2 次
生长高度达到 10cm 左右时，根据第 1 次的方法追肥。

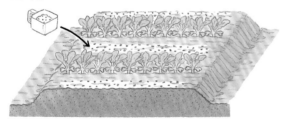

沟道播种
（田垄每米用量）
化肥 2 大勺

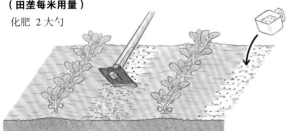

施撒于田垄之间，中耕的同时耕入土中。

3 害虫防除

使用防虫网可以防虫也可
兼顾应对夏季高温。

地膜或防虫网

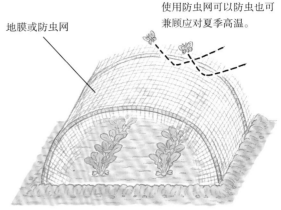

生长速度快，采收所需天数短，不用农药也
能健康培育。

4 采收

叶片长度达到 15cm
时即可采收。

采收时连同植株一起挖出。

少量食用时，采摘
叶片即可。新芽及
腋芽还会继续生长。

如果种植量少，可采用简单的花盆种植。
在浅素烧花盆内放入园艺土，施加液肥
培育。叶片尚未茂密之前及早采收。

青梗菜

具有独特风味，煮不烂、口感好。

适应冷凉气候，且具有耐寒性、耐暑性。只需简单保温及覆盖遮光材料，早春至秋季都能栽培。遇到低温就会长出花芽，出现抽薹，所以早春播种时应搭建大棚保温，温度不得低于15℃。

○品种　在原产地中国，除了有许多性质及形状不同的品种，还有经过改良的容易栽培的品种。具有代表性的品种，包括"青帝""青美""长阳""谢谢"等。

○栽培的关键　如植株较少，可采用育苗盆或育苗箱进行育苗，并在田地内制作苗床。需要培育一定数量时，应在田地内制作种植沟，直接播种更有效率。在直接播种时应注意间苗，避免叶片过密，使植株健康生长。

提前防除害虫是关键，特别是在害虫多发的春季至夏季，应覆盖兼具防暑效果的防虫网。

栽培日程

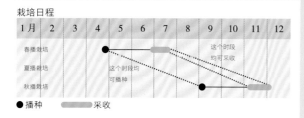

1月	2	3	4	5	6	7	8	9	10	11	12

春播栽培

夏播栽培

秋播栽培

● 播种　　采收

1 整地

提前在田地内施撒石灰，并耕地。

（每平方米用量）

油粕 3 大勺
化肥 5 大勺
完全腐熟堆肥 5 ~ 6 把

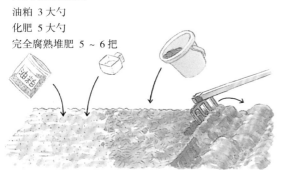

即将播种时，整面施撒基肥，深耕至15cm左右。

2 播种及移栽

育苗

如种植数量少，可直接播种于育苗盆内育苗。

3号育苗盆

播种 4 ~ 5 颗种子。

真叶长出 1 片时，保留 1 株。

真叶长出 4 ~ 5 片时，移栽于田地内。

或者参考球芽甘蓝（第80页），在育苗箱内条播，真叶长出 2 ~ 3 片时移栽至苗床内，培育成真叶长出 4 ~ 5 片的苗之后移栽至田地。

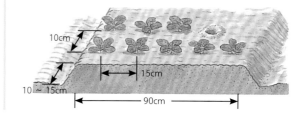

10cm

15cm

10 ~ 15cm

90cm

直接播种

制作深 4 ~ 5cm 的种植沟。

以 2 ~ 3cm 间隔，在种植沟整面播种。

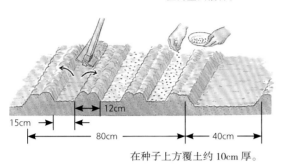

15cm 12cm 80cm 40cm

在种子上方覆土约 10cm 厚。

3 保温

遇到 12 ~ 13℃以下低温时会长出花芽，出现抽薹。所以，早春播种及晚秋采收时注意使用塑料大棚保温。

抽薹
春季，遇到低温会出现抽薹。

注意换气，避免白天温度超过 30℃。

4 害虫防除

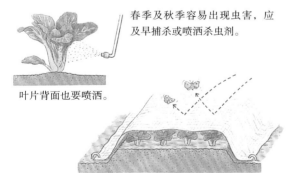

春季及秋季容易出现虫害，应及早捕杀或喷洒杀虫剂。

叶片背面也要喷洒。

在叶片上方覆盖薄的短纤维无纺布防虫网，这样不使用农药也能起到防虫的效果。夏季栽培时，可遮挡强光，起到防暑效果。

5 间苗

直接播种时，生长过程中间苗 2 次。扩大最终株距，培育成优质的植株。

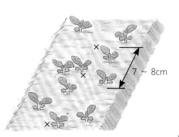

徒长
株距窄，过密。

第 1 次
真叶长出 2 片时，株距调整为 7 ~ 8cm。

第 2 次
真叶长出 5 ~ 6 片时，株距调整为 20cm。

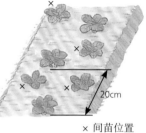

20cm

× 间苗位置

6 追肥

第 1 次
真叶长出 4 ~ 5 片时，在田垄之间施撒肥料，与土壤稍加混合。
（每平方米用量）
化肥 3 大勺

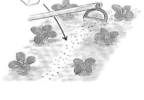

第 2 次
第 1 次追肥之后半个月，在植株之间施撒肥料。
（每平方米用量）
化肥 4 大勺

7 采收

播种后，春季 45 ~ 55 天，夏季 35 ~ 45 天，秋季 50 ~ 65 天，即可采收 150g 左右的菜。

下方膨大、叶片厚的为优质菜。

迷你青梗菜
采摘嫩叶，整棵用于煮菜等。

抽薹茎及顶端长出的花蕾为食用部分的蔬菜。接连分枝，可长期采收，是家庭菜园内重要的秋季蔬菜。在寒冷地区，温室栽培也能采收许多优质菜。

○**品种** 作为新品种蔬菜，其品种名也是"菜心"。

○**栽培的关键** 耐寒性不强，进入严寒期之后生长缓慢，无法继续采收。因此，盛夏之后冷空气到来时，应立即播种。

为了收获更多优质、粗壮的抽薹茎，应充分施加优质的堆肥，并注意追肥，避免缺肥。最早长出的花蕾及早采收，使植株能够长出更多腋芽。

小菜蛾、蚜虫等害虫防除不得有丝毫懈怠。

抽薹茎长到 15 ~ 20cm，花开 1 ~ 2 朵时，即须及时采收。

栽培日程

1月	2	3	4	5	6	7	8	9	10	11	12

露地栽培

● 播种　　采收

1 整地及施加基肥

（每平方米用量）
堆肥 4 ~ 5 把
石灰 2 ~ 3 大勺

之前作物清理干净之后，施撒堆肥及石灰，并充分翻耕。

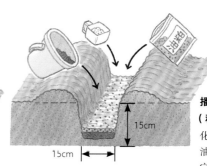

播种之前
（种植沟每米用量）
化肥 3 大勺
油粕 5 大勺
完全腐熟堆肥 4 ~ 5 把

15cm
15cm

2 播种

将土回填，底面整平后制作种植沟。

以 2 ~ 3cm 间隔播种。

过道

覆土 5mm 左右，用锄头背面按压。

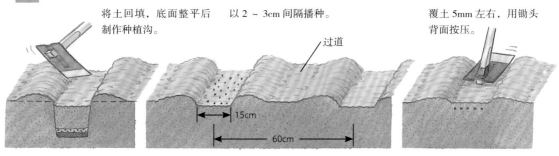

15cm
60cm

种植数量少时，可用育苗盆育苗，之后移栽至田地内。

在 3 号育苗盆内播种 4 ~ 5 颗种子。

真叶长出 2 片时，保留 1 株。

培育成真叶长出 4 ~ 5 片的苗。

3 间苗

第 1 次

真叶长出 2 ~ 3 片时间苗。
株距 7 ~ 8cm。

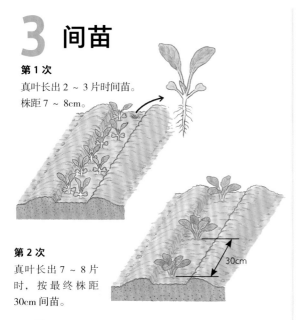

第 2 次

真叶长出 7 ~ 8 片
时，按最终株距
30cm 间苗。

30cm

4 追肥

第 1 次

真叶长出 5 ~ 6 片时，在
各种植行一侧施撒肥料，
并与土壤稍加混合。

（种植行每米用量）
化肥 2 大勺

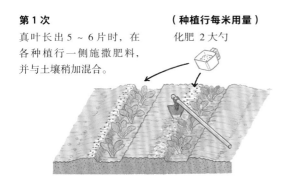

第 2 次

生长高度达到 10 ~ 12cm 时，
在各种植行中央施撒肥料，
中耕的同时稍稍培土。

（种植行每米用量）
化肥 2 大勺

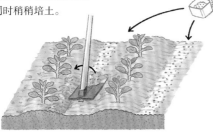

第 3 次及之后

开始采收之后，每半个
月追肥一次。用量与第
2 次相同。

5 摘心

最早抽薹的茎应趁早剪
取采收。

保留许多长势好的腋芽。

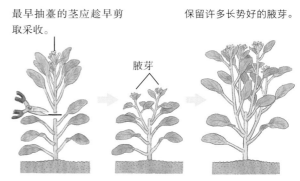

腋芽

6 采收

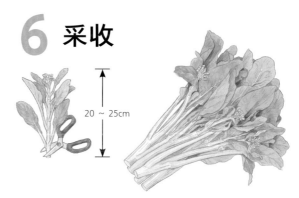

20 ~ 25cm

抽薹茎长至 20 ~ 25cm，花开
1 ~ 2 朵的状态下，即可摘取。

花蕾超过叶尖，开出许多花时，
已经过了采收期。

7 使用

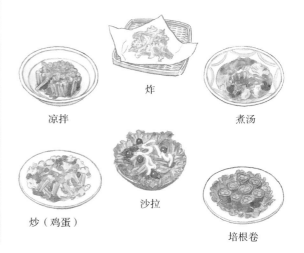

凉拌

炸

煮汤

炒（鸡蛋）

沙拉

培根卷

红菜薹

正如其名是初春开始抽薹的蔬菜，紫红色花茎为食用部分，微黏。与芦笋相似的香味及深黄色的花让人提前感受到春天的气息。不耐暑热，但耐寒性较强。

○品种　是中国长江中游流域自古以来培育的蔬菜，较早传到日本，但并未普及。近年来重新引进，品种尚未分化。

○栽培的关键　秋播，冬季至春季采收。为了收获许多铅笔粗细的优质菜，应在基肥中充分施加优质的堆肥，避免缺肥，使分枝生长旺盛。不耐土壤干燥，如抽薹之后发现田地干燥，须立即灌溉。此外，如生长状态不好，可施加液肥。

黄色的花开出 1 ~ 2 朵时，折断采收。如果等到花开许多，植株会萎靡。应适当摘除下方的黄化叶片。

栽培日程

1月	2	3	4	5	6	7	8	9	10	11	12

● 播种　○ 移栽　▬▬ 采收

1 施加基肥

（种植沟每米用量）

化肥 3 大勺
堆肥 4 ~ 5 把
油粕 5 大勺

15cm

20cm

90cm

多施撒一些石灰，整面翻耕之后施加基肥。

为了收获茎部粗壮的优质菜，关键在于充分施加优质的堆肥。

2 整地

（将苗移栽于苗床）

制作中等高度的苗床，整平表面。

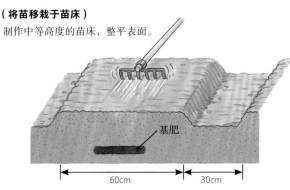

基肥

60cm　30cm

（田地内直接播种）

大面积种植时，直接播种更加省时省力。为了使其同时发芽、生长，应将种植沟地面仔细整平。

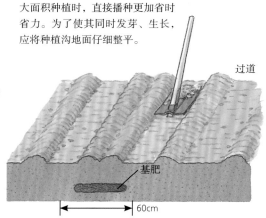

过道

基肥

60cm

3 育苗

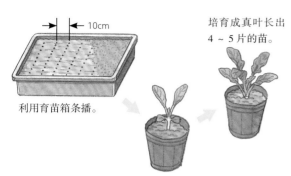

←→10cm

利用育苗箱条播。

培育成真叶长出 4 ~ 5 片的苗。

真叶长出 2 片时，移栽至 3 号育苗盆。

4 移栽及播种

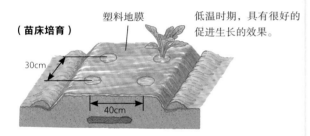

（苗床培育）

塑料地膜

30cm

40cm

低温时期，具有很好的促进生长的效果。

（田地内直接播种）

30cm

播种。　　覆土及按压。　　间苗。　　保留 1 株。

5 摘心

开花之后，及早采收主茎，促进腋芽生长。

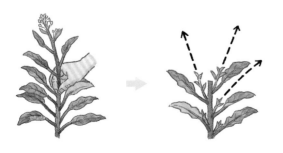

6 追肥及培土

摘取最早的抽薹部分。
在株距之间施撒肥料，与土壤稍加混合。

第 1 次
（每株用量）
油粕 半大勺

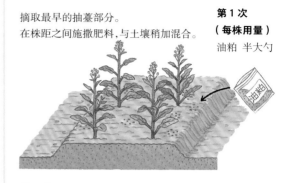

油粕

第 2 次
第 1 次之后 15 ~ 20 天。在田垄两侧施撒，并用锄头混合培土。
（每株用量）
油粕 1 大勺

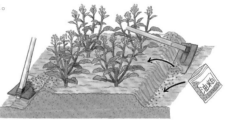

油粕

7 采收及使用

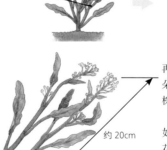

折断

约20cm

再次抽薹之后，开花 1 ~ 2 朵时最适合采收。在接近株根的位置折断采收。

如采收不及时，开出许多花时，植株就会变得萎靡。

切成 4 ~ 5cm 后油炒。

酒糟腌菜。

煮过之后用迷迭香或酱油等凉拌。

塌棵菜

叶片皱缩呈深绿色，纤维含量少，口感较好，适合煮制。春季至夏季直立生长，秋季至冬季匍匐地面展开生长，形态随季节更替变化。

〇品种 市面售卖的品种通称"塌棵菜"。也有改良品种，比如立起生长的"绿菜一号"、匍匐生长的"绿菜二号"。

〇栽培的关键 春播 40 ~ 45 天即可采收，秋播则需要 50 ~ 60 天。通常，8 ~ 9 月播种，晚秋至冬季采收。遇到寒冷及降霜等天气，口感最佳。

此外，夏季注意挡雨、遮光，冬季注意保温，还可采摘嫩叶食用。及时间苗，注意追肥及防虫。

自家食用时，叶片形状没有影响。但是，如果需要整棵呈莲花状运到市场售卖，可使用浅泡沫箱堆放 2 ~ 3 层。

栽培日程

1月	2	3	4	5	6	7	8	9	10	11	12

秋播栽培
大棚栽培
春播栽培

● 播种　　⌒ 搭建大棚　　▬ 采收

1 整地

（每平方米用量）
化肥 5 大勺
油粕 7 大勺

在田地内施撒石灰及堆肥，深耕至 20 ~ 30cm。

制作苗床，整面施撒肥料。

2 播种

每处点播 4 ~ 5 颗种子。

用瓶子底部轻轻按压，制作种植沟。

春播
15cm
15cm
80cm
40cm

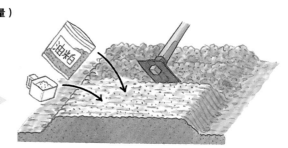

秋播
20cm
20cm

春播时，随着温度上升，会直立生长，需要缩小株距。

秋播时，遇到寒冷天气则叶片重合，植株展开，需要扩大株距。

3 间苗

真叶长出 1 ~ 2 片时保留 2 株, 5 ~ 6 片时保留 1 株。

保留叶色深绿、带有褶皱、且肉质较厚的植株。

4 追肥

第 1 次
（每平方米用量）
化肥 3 大勺

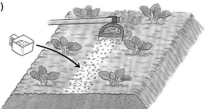

真叶长出 4 ~ 5 片时, 在田垄之间施撒肥料, 与土壤稍加混合。

第 2 次
与第 1 次等量

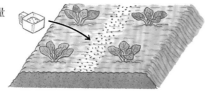

第 1 次施肥半个月后, 在田垄之间施撒肥料。

5 病虫害防除

春秋季时害虫较多, 应及时喷洒药剂进行防除。或者铺设无纺布防虫网, 在不喷洒农药的状态下起到防虫效果。

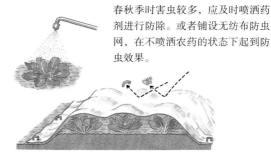

6 管理

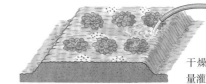

干燥之后, 适量灌溉。

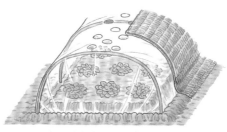

11 月之后使用大棚保温, 可提前采收优质菜。白天通过小孔换气。在寒冷地区, 夜间还需要铺设草帘。

7 采收

春播 40 ~ 45 天即可采收, 秋播则需要 50 ~ 60 天。长成叶片组合紧密的大植株之后便可采收。

褶皱多的优质菜（冬天形态）

夏季（直立性）

冬季（匍匐性）

如保温良好, 则呈半直立性。

长羽裂萝卜

萝卜的叶片富含维生素，但很少被食用。而长羽裂萝卜是专供食用叶片而栽培的萝卜品种。生长周期较短，夏季 20 天，冬季 50 天，且容易栽培。用途广泛，可以腌渍、凉拌、炒、煮汤、拌沙拉等，是适合家庭菜园种植的蔬菜。

○品种　地方品种有自古以来就种植的"小濑菜萝卜"，是宫城县的特产蔬菜。此外，市售品种包括"虞美人""叶宝""服部君""叶太郎""彩菜"等。

作为改良品种，叶子比普通萝卜更具直立性，采收及管理方便，且茸毛少，方便食用。

栽培日程

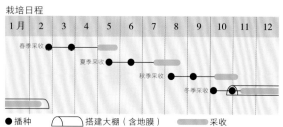

● 播种　　　搭建大棚（含地膜）　　　采收

○栽培的关键　田地整面施撒堆肥后翻耕，注意追肥，避免缺肥。此外，及时间苗，避免生长过密。夏季时使用防雨棚或地膜，能在叶菜较少的时期品尝到难得的青菜。冬季使用大棚或温室保温，就能收获水灵灵的叶菜，几乎全年都能食用。

1 施加基肥

（每平方米用量）
完全腐熟堆肥 4 ~ 5 把
化肥 3 大勺
油粕 5 大勺

播种之前 5 ~ 7 天，在田地整面施撒堆肥、肥料，深耕 15 ~ 20cm。

2 整地及播种

苗床播种
仔细整平表面。

种植沟播种
使用耙子或锄头整平田地。

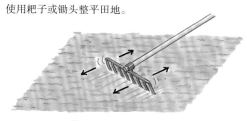

90cm

用木板划出宽 2cm、深 1cm 左右的沟。

18cm

以 1.5 ~ 2cm 间隔播种。

种植沟　　过道

覆土 1cm 厚

以 1.5 ~ 2cm 间隔播种

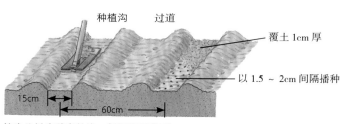

15cm　　60cm

挖出比锄头稍宽的沟，仔细整平底面。

3 间苗

全部发芽时，对过密位置进行间苗。

真叶长出 3 片时，间苗距离 3cm。

间苗至 7 ~ 8cm 的最终株距。

4 追肥

苗床
（每行用量）
化肥 半大勺
每行之间施撒，并用竹筒铲与土壤混合。

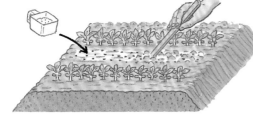

沟
第 1 次
（沟每米用量）
化肥 2 大勺
在田垄一侧施撒并培土。

第 2 次
在之前相反侧的过道施撒等量的肥料，稍稍翻耕，并在株根侧培土。

5 保温及防寒

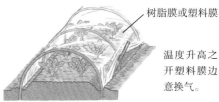

树脂膜或塑料膜

温度升高之后，打开塑料膜边缘，注意换气。

早春播种时，搭建大棚进行防寒。

直接在叶片上覆盖防虫网等（短纤维无纺布）。

6 害虫防除

蚜虫是最大危害。及早喷洒药剂进行防除。

铺设覆盖兼顾保温与防寒的地膜。

7 采收及使用

生长高度达到 25cm 以上之后，从株根拔起采收。

炒

腌渍或拌沙拉

煮

日本芜菁

又称"京菜"，仅在日本栽培的独特腌渍菜，具有口感脆爽、耐煮等特点。日本关西地区自古以来常将其用于腌渍、火锅、煮制等。最近，也用于沙拉和装饰，不仅在日本，在许多国家的需求量都有所增加。

○品种　起源于日本京都，一直保持原有品种。但是，售卖品种中也有"白茎干筋京水菜""九叶壬生菜""晚生壬生菜""新矶子京菜""绿扇二号京菜"等。根据品种不同，可分为早生、晚生等，且叶色深浅也有差异。

○栽培的关键　原种的大植株优质品种可培育出600～1000片细叶，且适合在富含水分的田地内培育。

近年来较多使用的小植株品种可选种植环境更多，几乎任何田地都能种植。总之，只需在基肥中充分施加优质的堆肥，多追加有机肥料，避免缺肥即可。但是，耐病毒性较差，应注意蚜虫等虫害的防除。

栽培日程

1月	2	3	4	5	6	7	8	9	10	11	12

露地栽培（直接播种）

露地栽培（育苗）

● 育苗　　○ 移栽　　▬ 采收

1 整地

（每平方米用量）

堆肥 7～8 把

化肥 3 大勺

油粕 5 大勺

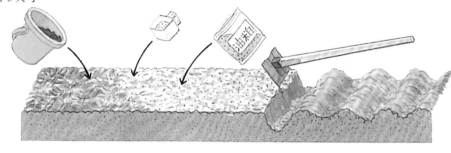

播种之前半个月，整面施撒肥料，并翻耕。

2 育苗

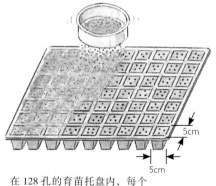

在 128 孔的育苗托盘内，每个位置播种 3～4 颗种子。

5cm

5cm

如种植数量少，可在 3 号育苗盆内播种 4～5 颗种子。

真叶长出 2 片时，间苗后保留 1 株。

培育成真叶长出 4～5 片的苗。

最终，间苗保留 1 株。

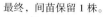

3 施加基肥

（种植沟每米用量）
堆肥 4 ～ 5 把
化肥 2 大勺
油粕 5 大勺

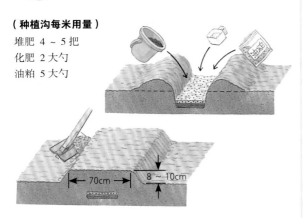

4 移栽

开种植孔，移栽苗。寒冷地区铺设地膜可以有效保温。

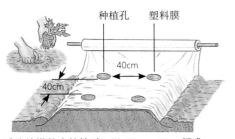

种植孔　　塑料膜

40cm

40cm

采收幼嫩的小植株时，以 15cm×15cm 标准密植。

干燥状态下无法获得优质菜，应注意充分浇水。

（直接播种）

制作 2 行宽 2 ～ 8cm、深 1 ～ 1.5cm 的播种沟，并播种。

每处播种 3 ～ 4 颗种子

40cm

50cm

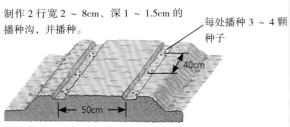

地下水位高的田地，可以采用苗床种植。

最终，间苗保留 1 株。

5 追肥

第 1 次
生长高度达到 15 ～ 17cm 时，在植株周围各处施撒肥料，并耕入土中。

（每株用量）
化肥 1 大勺
（密植栽培时为半大勺）

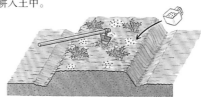

第 2 次
叶片开始重合时，在田垄两侧追肥，将过道的土翻耕松软，并培土至田垄上。

（每株用量）
化肥 1 大勺
（密植栽培时为半大勺）

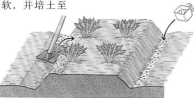

6 害虫防除

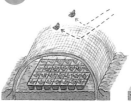

有翅膀的蚜虫、小菜蛾和夜盗虫是最大危害。

苗床或田地内铺设防虫网或喷洒杀虫剂。

7 采收及使用

植株长大之后，从株根依次剪下采收。有多种使用方法。

腌渍

火锅

沙拉

幼嫩时期采收或仅采摘部分叶片，制作沙拉或菜肴装饰等。

日本、中国、朝鲜半岛等地的野生植物，但只有日本与中国将其作为蔬菜食用。鸭儿芹色泽鲜艳、香气四溢，口感也很好，是日本料理中不可或缺的食材。根据培育方法，可分为青鸭儿芹、根鸭儿芹、切鸭儿芹等。适合家庭菜园培育。

○品种　关东地区的"柳川一、二号""大利根一号""增森白茎"，关西地区的"大阪白轴""白茎鸭儿芹"等。

○栽培的关键　适应半阴环境，在夏季强光及高温环境下长势较差。培育时，应选择适宜的环境或在更高的蔬菜之间种植，且夏季应注意遮光。

不宜连作，适合在3～4年未种植鸭儿芹的田地内种植。

发芽需要光照，播种后覆土应极薄。春季气温较低则花芽分化，出现抽薹。此时，应摘掉抽薹部分，促进腋芽生长，才能培育出较大植株。

鸭儿芹

栽培日程

| 1月 | 2 | 3 | 4 | 5 | 6 | 7 | 8 | 9 | 10 | 11 | 12 |

●播种　★培土　采收

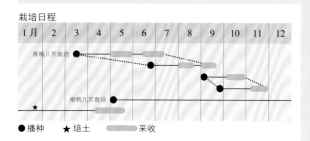

1 整地

（每平方米用量）
石灰 3 大勺
堆肥 4～5 把

播种之前 11 个月施撒肥料，并翻耕。

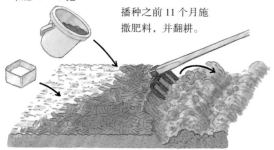

2 施加基肥

种植沟
（主要适宜栽培根鸭儿芹，且青鸭儿芹也适宜。）

（种植沟每米用量）
化肥 3 大勺
油粕 5 大勺

3 制作种植沟

种植沟播种
在基肥上方覆土，制作锄头宽的种植沟。

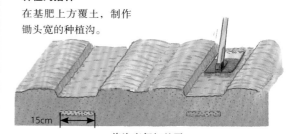

将沟底仔细整平。

苗床播种
用木板划出宽 2～3cm、深约 0.5cm 的沟。

（每平方米用量）
化肥 3 大勺
油粕 5 大勺

肥料耕入田地整面。

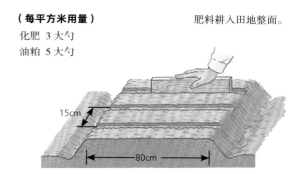

4 播种

在种植沟整面均匀播种，覆盖极薄的一层土，稍稍掩盖住种子即可，再用木板或锄头背面轻轻按压。

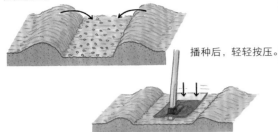

播种后，轻轻按压。

5 间苗及除草

多次间苗之后，调整为 7 ~ 8cm 株距。

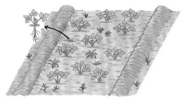

鸭儿芹生长初期，杂草生长旺盛，应注意除草。

春播时，如遇到低温，会出现一些抽薹。应及早摘除，促进腋芽生长。

6 追肥

种植沟播种

在沟的两侧播种，与土壤稍加混合。

（种植沟每米用量）

化肥 2 大勺

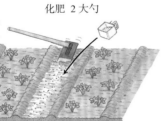

苗床播种

第 1 次

生长高度达到 5 ~ 6cm 时，在植株之间施撒，并与土壤稍加混合。

（每行用量）

化肥 半大勺

竹筒铲

第 2 次

生长高度达到 10cm 时，施加与第 1 次等量的肥料。

7 培土

根鸭儿芹

每隔 1 ~ 2 月摘除枯叶，并堆高覆土。

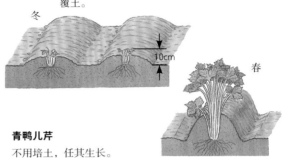

冬

10cm

春

青鸭儿芹

不用培土，任其生长。

8 采收

用锄头从根底挖出。

根鸭儿芹

软白部分长至 10cm 左右时，挖出根株采收。

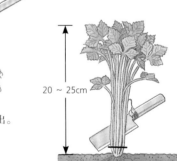

20 ~ 25cm

青鸭儿芹

生长达到一定高度后割取。

根株的重复利用

鸭儿芹的重生能力强，叶片采摘之后，根部仍能存活。

以 4 ~ 5cm 间隔植入花盆内，不久之后重新长出叶片。

割下之后立即长出新叶片，可充分利用。

生菜

生菜的近亲有许多，最常见的就是口感脆爽的卷心莴苣（球生菜）。除了做沙拉，还可煮汤等。

○品种 优良品种包括 "Salinas88" "Berkeley" "MRAP" "Cisco" "Sirius" 等。

○栽培的关键 栽培的适宜温度为 18 ~ 23℃，冷凉气候条件下能够苗壮生长。不耐暑热，特别是在温度达到 27 ~ 28℃后难以结球。

如果在高温长日照条件下播种，容易抽薹。所以，夏季播种应注意时期。生长初期耐寒性强，但进入结球期之后容易受到冻害，培育时期的选择至关重要。

通常，夏季播种冬季采收最为合适。需要在高温条件下育苗，应注意出芽及发芽后的管理，幼苗期最好将育苗箱置于通风条件良好的场所。

覆盖地膜是有效的保温方法。追肥时，用手指在株距之间开孔，施加肥料。

栽培日程

1月	2	3	4	5	6	7	8	9	10	11	12

冬播大棚栽培
春播初夏采收
夏播冬季采收
秋播大棚栽培
（仅限温暖地区）

●播种 ○移栽 搭建大棚 采收 加温育苗

1 育苗

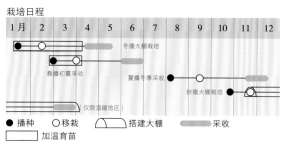

以 6 ~ 8mm 间隔播种。覆土厚度达到刚盖住种子即可，用筛网小心覆盖。

7 ~ 8cm

真叶长出 1 片时间苗，避免叶片过密。

真叶长出 2 片时，移栽至苗床。

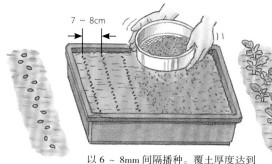

9cm
9cm

数量少时，育苗盆更方便。

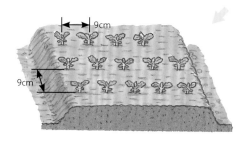

培育成真叶长出 4 ~ 5 片的苗。

夏播
用纱布包住种子，放入水中浸泡一昼夜，拆开纱布置于凉爽环境下（18 ~ 20℃）等待发芽。

2 施加基肥

（每平方米用量）
堆肥 5 ~ 6 把
油粕 5 大勺
化肥 5 大勺

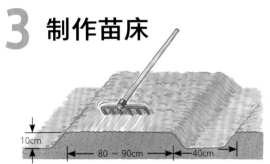

提前施撒石灰，在翻耕后的田地内施加基肥，并继续翻耕至 20cm 左右。

3 制作苗床

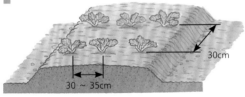

10cm
80 ~ 90cm　40cm

仔细整平，且苗床中央稍高，保持良好排水条件。

4 移栽

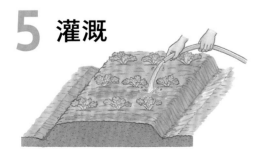

30cm
30 ~ 35cm

在苗床上移栽 3 列。
覆盖地膜时，在田垄整面覆盖，并用手指在移栽位置戳孔，方便移栽苗。

5 灌溉

移栽之后，对株根灌溉。如田地容易干燥，则每隔半个月充分灌溉一次。

6 追肥

第 1 次
移栽之后 2 ~ 3 周，在植株之间施撒肥料，并用竹筒铲或木棒与土壤混合。

（每平方米用量）
化肥 3 大勺

第 2 次
与第 1 次等量
中间的叶片卷起时，按第 1 次的相同要领施肥。

7 保温（秋播及冬播）

在大棚顶部开小孔，进行自然换气。随着气温上升，增加开孔数量。此时，注意避免温度超过 25℃。

如换气不充分，高温危害会导致结球变形。

8 采收

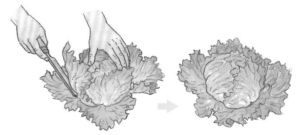

用手按压，坚硬紧实则适宜采收，从结球下方切取。

皱叶莴苣

比其他莴苣类（卷心莴苣、直立莴苣、茎莴苣）的生长速度快，耐暑耐寒，易栽培。不同颜色及口感的品种较多，是家庭菜园中常见的蔬菜。

○**品种** 除了种植历史久远的"Wear Head""Red Fire""Red Wave""Bronze"等，近年来叶形、颜色及口感等不同的品种逐渐增多，包括"Green Oak""Red Oak""Fringy Green""Fringy Red"等。市场上还有许多品种混合售卖的"园艺莴苣"，容易购买。

○**栽培的关键** 播种适宜期较长，且种子容易发芽，比卷心莴苣更容易栽培。较不适应酸性土壤，耕地时注意施撒石灰。

为了培育出好苗，覆土应极薄，注意及时间苗。各色混合品种应仔细观察叶形及颜色，使间苗后保留下来的颜色尽可能均匀。

栽培日程

1月	2	3	4	5	6	7	8	9	10	11	12

春播夏收
夏播冬收
秋播大棚栽培
（仅限温暖地区）

● 播种　　○ 移栽　　⌒ 搭建大棚　　▬ 采收
▭ 加温育苗

1 育苗

以 5 ~ 8mm 间隔播种。

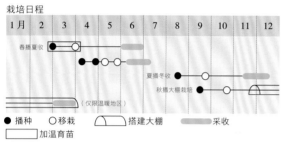

覆土厚度达到刚盖住种子即可，用筛网小心覆盖。

真叶长出 1 片后间苗，避免叶片过密。

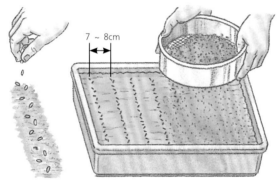

真叶长出 2 片时，移栽至苗床。

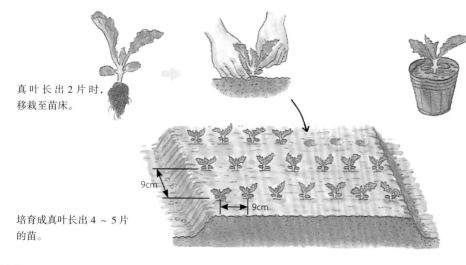

数量少时，在 3 号育苗盆内播种 4 ~ 5 颗种子，真叶长出之后间苗 2 ~ 3 次，真叶长出 2 ~ 3 片时保留 1 株。

培育成真叶长出 4 ~ 5 片的苗。

2 整地

（每平米用量）
堆肥 5 ~ 6 把
化肥 5 大勺
油粕 5 大勺

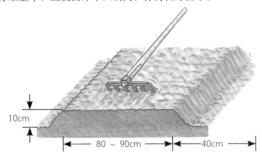

仔细整平，且使苗床中央稍高，保持良好排水。

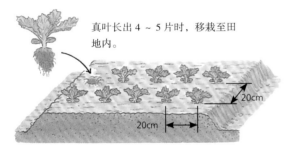

10cm

80 ~ 90cm   40cm

3 移栽

真叶长出 4 ~ 5 片时，移栽至田地内。

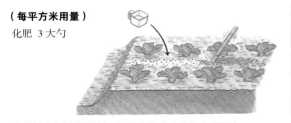

20cm

20cm

4 追肥

移栽之后 2 ~ 3 周追肥一次，此后半个月再追肥一次。

（每平方米用量）
化肥 3 大勺

在植株之间施撒肥料，用竹筒铲或木棒与土壤混合。

5 采收

整棵采收

宜在中间的叶片开始向内侧卷收时采收。叶片数量可达 25 片左右。采收时，从株根切下。

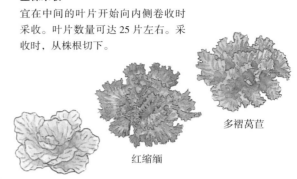

多褶莴苣

红缩缅

沙拉菜

割取采收

从外侧叶片依次割取采收，可少量多次采收。

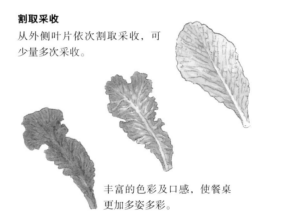

丰富的色彩及口感，使餐桌更加多姿多彩。

（最适合花盆及育苗箱栽培）

使用育苗箱栽培园艺莴苣可以种植 15 株左右。

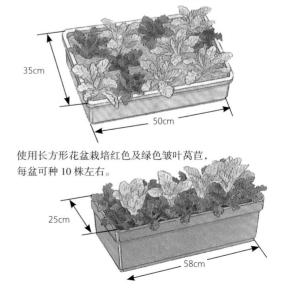

35cm

50cm

使用长方形花盆栽培红色及绿色皱叶莴苣，每盆可种 10 株左右。

25cm

58cm

莴苣

在日本，通常采摘其叶片食用，例如包烤肉、刺身等。

从下叶开始采摘，可长时间采收。并且，耐暑、耐寒，容易培育，最适合家庭菜园种植。

○**品种** "尖叶莴苣""青叶莴苣""红叶莴苣"等代表品种。

○**栽培的关键** 初期生长慢且脆弱，需要在育苗箱内倒入优质土壤后播种，方能培育出苗壮的苗。此外，为了持续获取优质叶片，应在基肥中充分施加优质堆肥，注意及时追肥，不得缺肥。

从下方叶片依次摘取使用，采收方式极为关键。如一次性采收过多，会影响之后的生长状态。所以，应观察剩下叶片的数量及颜色，确定采摘叶片的数量及频率。

栽培日程

1月	2	3	4	5	6	7	8	9	10	11	12

春播夏收
夏播冬收
秋播大棚栽培

● 播种　○ 移栽　搭建大棚　采收
暖房育苗

1 育苗

以 4 ~ 5mm 间隔播种。

覆土极薄，1mm 左右。

真叶长出 2 片时，移栽至苗床。

数量少时，育苗盆更方便。

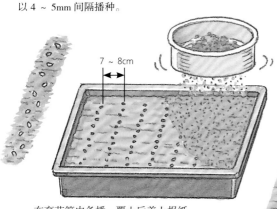

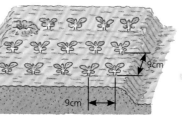

在育苗箱内条播，覆土后盖上报纸。

9cm

9cm

培育成真叶长出 4 ~ 5 片的苗。

2 施加基肥

（种植沟每米用量）
堆肥 5 ~ 6 把
油粕 5 大勺
化肥 5 大勺

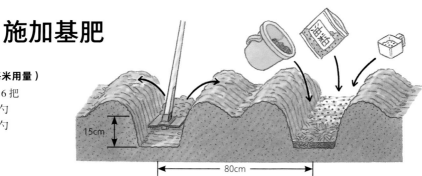

15cm

80cm

3 移栽

制作苗床，中央部分稍高，确保在排水良好的状态下定植。

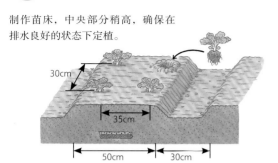

30cm
35cm
50cm 30cm

4 灌溉

干燥时及时灌溉。低温期避免灌溉过量。

5 追肥

第 1 次
真叶长出 7 ~ 8 片时
（每株用量）
化肥 1 小勺
在植株周围呈圈状施撒，与土壤混合。

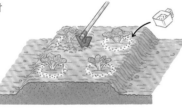

第 2 次
第 1 次之后半个月
（每株用量）
化肥 1 小勺

在苗床两侧施肥，培土至田垄上。

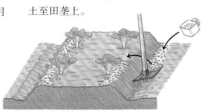

第 3 次及之后
采收过程中每隔 2 ~ 3 周
（每株用量）
化肥 1 小勺
油粕 1 大勺
根部延伸至整面，应在植株之间施撒肥料。

6 保温

在大棚顶部开小孔，进行自然换气。随着气温上升，增加开孔数量。此时，关键在于避免温度超过 28℃。

长度可拉伸，大棚高度齐腰即可。

7 采收及使用

叶片长度达到 1 ~ 5cm 之后，从下方依次采摘叶片。

观察生长状态，每次采收 2 ~ 3 片，可持续采收。

采收过程中，茎部逐渐立起变粗。

用于包烤肉、刺身。
此外，还可用来煮、炒等。

红叶菊苣

酒红色的叶片带有白色叶脉，微苦的口感使其备受人们喜爱。看上去与紫色卷心菜相似，实际与菊苣同种，属于菊科植物。广泛分布于法国、意大利，可分为结球、不结球、半结球等，日本引进的大多为结球品种，形状为球形。

○ **品种**　市场售卖品种极少，代表品种为"Trevis"。该品种纯度较低，通常不会结球。

○ **栽培的关键**　耐暑性及耐寒性均较弱。如提前播种，在夏季高温条件下难以生长。延迟播种，则进入低温期停止生长，结球后容易受到冻害。所以，应适时播种。

种子薄，同生菜一样，覆土须浅，在凉爽环境下发芽，且应在育苗箱内播种，之后移栽。适宜栽培于肥沃的土壤中，耐酸性较弱，所以应仔细整地，同时避免缺肥、改善排水。

栽培日程

1月	2	3	4	5	6	7	8	9	10	11	12

夏播冬季采收
秋播大棚栽培

（仅限温暖地区）

● 播种　○ 移栽　⌒ 搭建大棚　▬ 采收

1 育苗

覆土极浅，须小心。

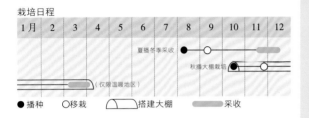

← 7 ~ 8cm →

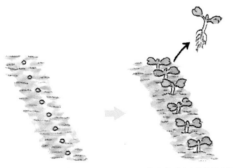

播种间隔 5 ~ 6mm。　对过密位置进行间苗。

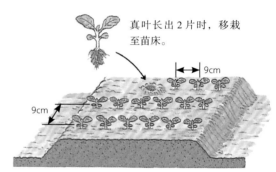

真叶长出 2 片时，移栽至苗床。

9cm

9cm

数量少时，可种植于 3 号育苗盆。

2 施加基肥

（每平方米用量）

油粕 5 大勺
化肥 5 大勺
堆肥 5 ~ 6 把

提前施撒石灰，在翻耕过的田地内施加基肥，继续深耕至 20cm 左右。

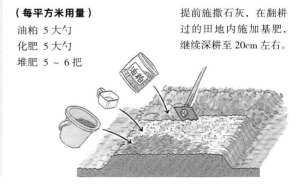

3 移栽

苗床移栽

仔细整平，且苗床中央稍高，保持排水良好。

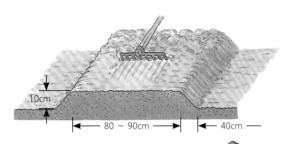

真叶长出 5 ~ 6 片后，移栽苗。

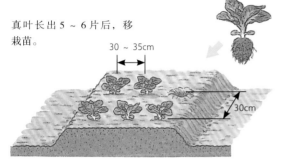

逐行移栽（田地面积大）

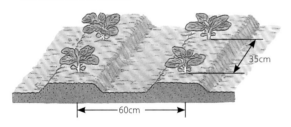

4 追肥

移栽之后 2 ~ 3 周追肥一次，中间的叶片开始卷起时再次追肥。

（每平方米用量）

化肥 3 大勺

在植株之间施撒肥料，用竹筒铲或木棒等将肥料与土壤混合。

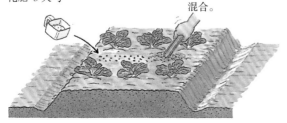

逐行移栽时在田垄两侧施撒肥料，并培土。

5 采收及使用

试着用手按压，如坚硬紧实则适宜采收。

红叶菊苣生长速度参差不齐，与其他结球蔬菜不同，并不同时结球，应从已结球的开始采收。

切取时，逐片剥下，纵向切开每个叶片，使切条部分均带有白色叶脉。

红色及白色混合一起，稍带苦味，最适合用于沙拉。

（暑热对策）

浇水

容易干燥的田地，每隔半个月充分浇水一次。

防虫网

薄无纺布。

高温危害导致结球变形。

（防寒对策）

在大棚顶部开小孔，进行自然换气。随着气温上升，增加开孔数量。此时，关键在于避免温度超过 25℃。

菊苣

白色部分是由根株在软化床中萌芽而成，所以必须从最基本的根株开始培育，需要一定周期及细心管理。

根株不仅软白部分可用，还可将根部研磨成粉末，作为咖啡的替代品。烹饪中也使用较多，且容易与苦苣混淆。

○品种　"Bear" "图腾" 等。

○栽培的关键　夏季至秋季培育根株，秋季之后挖出根部在软化床中使其萌芽。培育优质的根株是关键，田地应提前施撒石灰，充分翻耕之后播种。注意发芽后的间苗、追肥，促进生长。

在植株长至足够大的秋季，小心挖出根部，进行软化处理。软化床温度需要达到 15 ~ 20℃，温室或地下室等环境最适宜。如条件不允许，可采用电热加温。

栽培日程

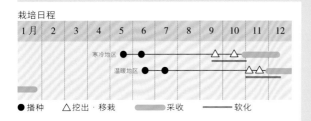

1月	2	3	4	5	6	7	8	9	10	11	12

寒冷地区
温暖地区

● 播种　　△ 挖出 · 移栽　　采收　　软化

1 施加基肥

播种前半个月充分翻耕田地。

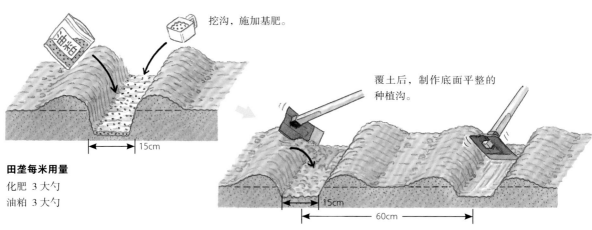

挖沟，施加基肥。

覆土后，制作底面平整的种植沟。

15cm

田垄每米用量
化肥 3 大勺
油粕 3 大勺

15cm

60cm

2 播种

以 2 ~ 3cm 间隔播种。

用手小心覆盖一层极薄的土，看不见种子即可。

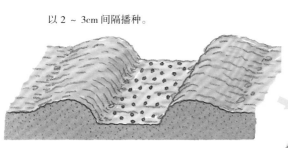

3 间苗及追肥

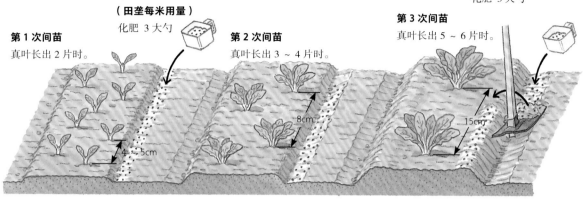

第1次间苗
真叶长出 2 片时。

第1次追肥
（田垄每米用量）
化肥 3 大勺

第2次间苗
真叶长出 3 ~ 4 片时。

第3次间苗
真叶长出 5 ~ 6 片时。

第2次追肥
（田垄每米用量）
化肥 3 大勺

4 ~ 5cm

8cm

15cm

第1次及第3次间苗之后施撒化肥，用锄头稍稍翻耕制作田垄。

4 挖出根株

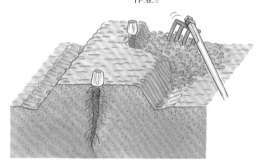

距离地面 5cm 位置割取，方便作业。

降霜开始时小心挖出根株，避免根部受损。

5 根株的储藏及软化

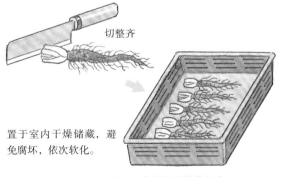

切整齐

置于室内干燥储藏，避免腐坏，依次软化。

在 0℃ 保鲜库中储藏最合适

制作软化床（也可用箱子），将根株立起埋入。

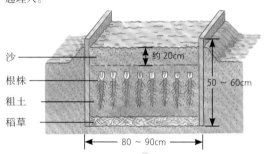

沙
根株
粗土
稻草

约 20cm

50 ~ 60cm

80 ~ 90cm

使用草帘或塑料膜等覆盖保温，使软化床的温度保持在 15 ~ 20℃。

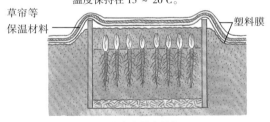

草帘等
保温材料

塑料膜

温室中最容易保温。

6 采收及使用

软化开始之后经过 3 ~ 4 周，萌芽长至 12 ~ 13cm 时挖出，切掉根部之后即可使用。

长大收紧的为优质菜。

苦苣

叶片切口深，顶端呈收缩状的独特蔬菜。口感爽脆，味道微苦，非常适合沙拉及肉类菜肴。初期的绿叶具有强烈苦味，长大之后，叶片变得软白，苦味有所缓和。常用于菜肴调味，容易与同属的菊苣混淆。

○**品种**　根据叶片收缩状态，可分为缩叶品种和阔叶品种，缩叶品种的品质更佳。代表品种为"Green Curl"，售卖时通常统称为"苦苣"。

○**栽培的关键**　适宜 15 ~ 20℃ 的冷凉气候，较不耐寒，临近降霜时节就会停止生长。因此，注意播种不要延误。培育方法参考生菜，将株距扩大，同时避免缺肥，创造培育大植株的条件。要使叶片软白、苦味缓和，秋季需要 15 ~ 20 天，冬季需要 30 天。

栽培日程

1月	2	3	4	5	6	7	8	9	10	11	12

露地栽培（春播）　　　　（仅限高寒地区）
露地栽培（夏播）
大棚春季采收

● 播种　○ 移栽　�””” 搭建大棚　▬▬ 采收

1 育苗

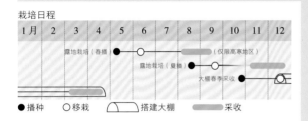

8cm

以 1cm 左右间隔在育苗箱内条播。并且，覆土极薄。

发芽后，间苗过密的植株。

真叶长出 2 片时，移栽至 3 号育苗盆。

真叶长出 4 ~ 5 片时，移栽至田地内。

2 整地及施加基肥

在酸性土壤中容易生长不良，应提前在田地内施撒石灰，并深耕。

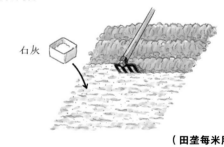

石灰

（田垄每米用量）
堆肥 4 ~ 5 把
化肥 3 大勺
油粕 5 大勺

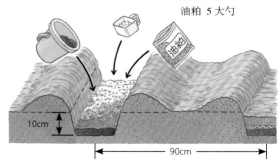

油粕

10cm

90cm

3 移栽

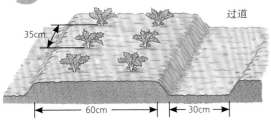

过道

35cm

60cm   30cm

移栽之后，在植株周围灌溉。

4 追肥

第 1 次
（每株用量）
化肥 半大勺

移栽之后半个月，在植株周围灌溉。

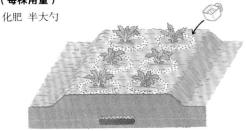

第 2 次
第 1 次之后 20 天，在田垄两侧挖浅沟，施撒肥料，埋沟之后对田垄培土。

（田垄每米用量）
化肥 2 大勺
油粕 3 大勺

5 保温

开直径 5 ~ 6cm 的孔，用于换气。

用土压住边缘，防止被风吹散。

秋季播种，春季采收，需要搭建塑料大棚。到了春季，注意换气，避免白天温度超过 30℃。

6 遮光软白

软白化之后，独特的苦味有所缓和。

秋季 15 ~ 20 天，冬季 30 天左右。

呈大棚状搭建黑色膜等遮光材料。

最简单的方法就是用绳子绑住外侧叶片。
但是，最后只能使用内侧的叶片。

花盆种植时，可使用较大的瓦楞纸箱罩住，使环境变暗。

7 采收及使用

取出软白部分使用。

内侧叶片黄白化之后即可采收。

沙拉

肉类菜肴点缀

炒

茼蒿

火锅中不可或缺的叶菜，也可用于天妇罗或凉拌菜等，最近更多人将其用于沙拉及装饰菜。总而言之，刚采摘的新鲜味道尤其吸引人，非常适合家庭菜园栽培。生长适宜温度为 15 ~ 20℃，但实际可承受温度范围更大，做好简单的防寒措施，冬季也能采收。

○**品种** 可分为叶片松软的大叶种，带有裂口的中叶种，叶片小且香味浓烈的小叶种。

○**栽培的关键** 不耐干燥，应选择具有保水性的田地，在基肥中充分施加优质的堆肥，使根系牢固。

种子发芽率通常较低，生长参差不齐，应精细制作种植沟，注意覆土及播种后的按压。此外，也可采用育苗移栽的方法。

及时间苗，注意追肥及培土，植株苗壮生长，就能收获更多叶片厚实的优质菜。

栽培日程

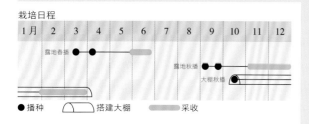

| 1月 | 2 | 3 | 4 | 5 | 6 | 7 | 8 | 9 | 10 | 11 | 12 |

露地春播
露地秋播
大棚秋播

● 播种　⌒ 搭建大棚　▬ 采收

1 施加基肥

种植沟播种
（种植沟每米用量）
堆肥 5 ~ 6 把
油粕 3 大勺
化肥 2 大勺

苗床播种
（每平方米用量）
堆肥 半桶
油粕 5 大勺
化肥 3 大勺

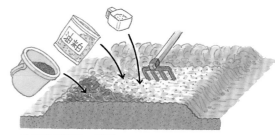

覆土回填。

整面施撒肥料，翻耕。

2 播种

种植沟播种
锄头往返于田垄，整平种植沟底面。

苗床播种
用木板等划出 7 ~ 8mm 深的沟，播撒种子。

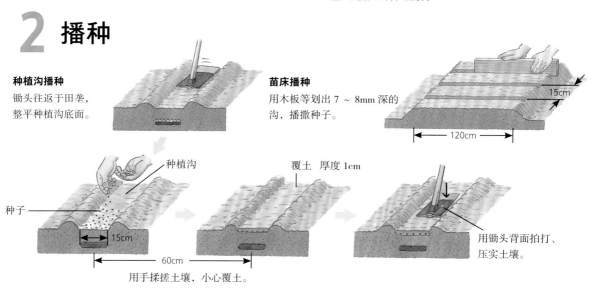

15cm

120cm

种植沟

种子

15cm

60cm

覆土 厚度 1cm

用锄头背面拍打、压实土壤。

用手揉搓土壤，小心覆土。

3 间苗

第 1 次

真叶长出 2 片时，间苗
距离为 2 ~ 3cm。

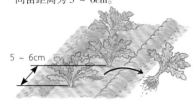

2 ~ 3cm

第 2 次

真叶长出 7 ~ 8 片时，
间苗距离为 5 ~ 6cm。

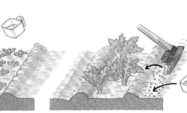

5 ~ 6cm

摘取后，可调整为
较宽的 10cm 左右
间隔。

4 追肥

种植沟播种

第 1 次

第 1 次间苗后

（田垄每米用量）

化肥 3 大勺

第 2 次

第 2 次间苗后，在第 1 次
追肥的相反侧等量追肥。

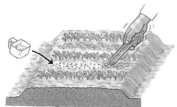

在种植沟一侧施肥，稍稍培土。

苗床条播

在每行之间施撒肥料，用竹筒铲混合。

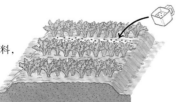

第 1 次

第 1 次间苗后

（苗床每平方米用量）

化肥 5 大勺

第 2 次

第 2 次间苗后
在每行之间施撒肥料，
与第 1 次等量。

5 保温

初春播种时开始保温。

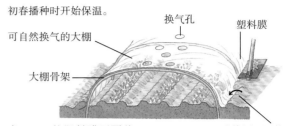

换气孔

塑料膜

可自然换气的大棚

大棚骨架

边缘用土压住

宽 180cm 的塑料膜可覆盖 3
行，搭建高 40cm 的大棚。

秋播之后进入冬季，注意防寒保温。

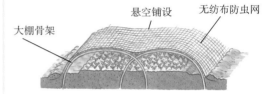

悬空铺设

无纺布防虫网

大棚骨架

6 采收

间苗采收

真叶长出 7 ~ 8 片，生长高度
达到 15cm 左右时，依次间苗采
收，可收获优质菜。
株距调整为 10cm 左右。

摘取采收

真叶长出 10 片时，下方保留
3 ~ 4 片，摘取中心的茎部。

伸出的腋芽

腋芽长至 15cm 左右之后
摘取。

摘取采收是一种可长时间收获的方式。

（花盆栽培）

摘取采收

在长方形花盆内条播 2 行。每隔半个月施加一次化肥
（2 大勺），每隔 10 天追加一次液肥。

旱芹

作为一种浅色蔬菜，却富含胡萝卜素，也富含纤维。气味芬芳，口感清爽，适合用于肉食料理及沙拉。

○**品种** "康乃尔619"是历史悠久的品种，容易购买的品种则是"Top Seller"。如果用于汤类提味，可使用小叶品种。

○**栽培的关键** 夏季至秋季在高寒地区栽培，冬季至春季在温室栽培。由此可知，旱芹不耐高温也不耐低温，应严格遵守适宜播种时期。

首先，注意夏季的育苗管理，培育优质苗。其次，进入秋季的低温期之前，为了培育出大植株，应移栽至已充分施加基肥的田地内。属于喜肥的蔬菜，基肥中需要较多完全腐熟的堆肥、有机质肥料、化肥，并且追肥要及时。此外，夏季铺设稻草，不要忘记经常灌溉。

栽培日程

1月	2	3	4	5	6	7	8	9	10	11	12

高寒地区

温暖地区

● 播种　　○ 移栽　　▬▬ 采收

1 育苗

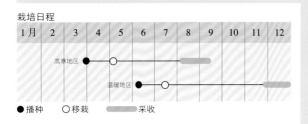

水中浸泡一昼夜。

倒在布上，控干水分。

用布包起，在阴凉环境下放置2～3天（25℃以下）。

种子全部发芽时，以0.7～1cm间隔小心播种，避免损伤种芽。

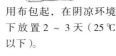

稻草（也可使用报纸，2～3层重叠一起）

放置于凉爽背阴环境下。芽开始伸出时，及时撤掉稻草。

9cm

用细筛网覆土，厚度控制在种子刚刚看不见即可。

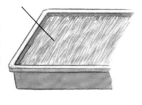
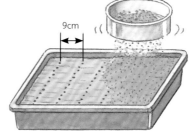

真叶长出3片时，移栽至苗床内。如种植数量少，可使用花盆。

在苗床上铺设遮光材料，避免强光导致升温。

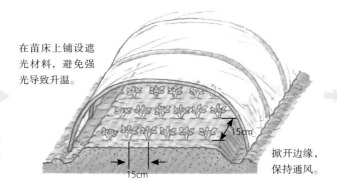

15cm

15cm

掀开边缘，保持通风。

培育成真叶长出7～8片的苗。

2 整地

堆肥 半桶
石灰 3 ~ 5 大勺

提前清除之前栽种作物，施撒石灰及堆肥，深耕至 25 ~ 30cm。

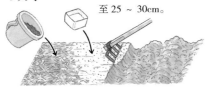

3 施加基肥

堆肥 半桶以上　鸡粪 3 ~ 4 把
化肥 5 大勺　　油粕 5 大勺

在田垄整面施撒堆肥及化肥，并翻耕。

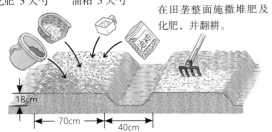

18cm
70cm　40cm

4 移栽

从苗床中连着土挖出，小心移栽。

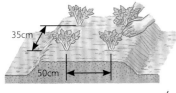

35cm
50cm

移栽之后，在植株周围充分灌溉。

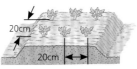

20cm
20cm

培育小叶旱芹时采用密植。

5 追肥

油粕 2 大勺
化肥 1 大勺

每隔 15 ~ 20 天追肥一次，避免缺肥。

6 管理

在田垄整面铺设稻草，防止干燥。到了秋季之后，撤掉稻草。

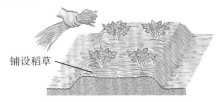

铺设稻草

需要较多水分，夏季连续晴天时应大量灌溉。

7 病害虫防除

摘除下叶和黄变的外叶

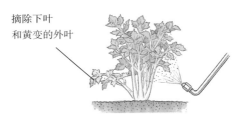

嫩叶及外叶的背面容易出现蚜虫，且容易感染斑点病、叶枯病，需要喷洒药剂进行预防。

8 采收

事先密植，方便之后长期采收使用。

生长高度达到 30 ~ 35cm 之后，依次采收使用。

通常达到 1.5 ~ 2kg 左右之后即可采收。

水芹

香气独特，口感爽脆，栽培历史久远。在干净的水源附近能够繁茂生长，所以得名水芹。适宜多湿环境的多年生草本，匍匐枝伸入地下，生长旺盛。耐暑且耐寒，容易培育，只要掌握其特性就能成功培育。

○**品种**　仅栽培野生种，尚未形成改良品种，但各地区也有系统分类（千叶县的"八日市照""八日市场晚生"，宫城县的"饭野川""仙台"，岛根县的"岛根绿""松江紫"）。

○**栽培的关键**　育苗时，若量少，可摘取水边野生的或市场作为蔬菜售卖的水芹扦插发根。需要大量培育时，将其作为母株，夏季从长出的许多匍匐枝中剪取顶端部分及发根部分，进行增殖育苗。

栽培方法多样，水田栽培、旱田栽培、花盆栽培等。总之，最关键的就是做好水管理。

栽培日程

1月	2	3	4	5	6	7	8	9	10	11	12

○移栽　　　　采收

1 育苗

摘取野生水芹育苗
从野生水芹中选择，摘取茎部粗壮的。

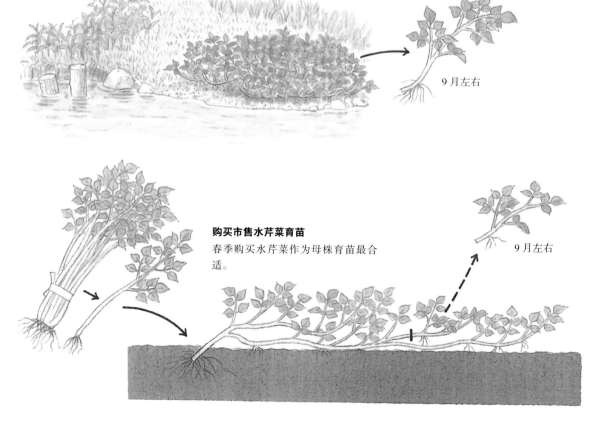

9月左右

购买市售水芹菜育苗
春季购买水芹菜作为母株育苗最合适。

9月左右

2 移栽

利用旱田

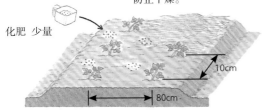

移栽之后，在上方铺设稻草，防止干燥。

化肥 少量

10cm

80cm

利用水田

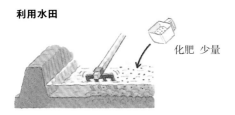

化肥 少量

芽长至 5 ~ 6cm 时，移栽至 2 ~ 3cm 深。

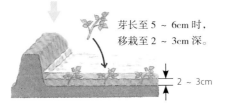

2 ~ 3cm

3 栽培管理

利用旱田

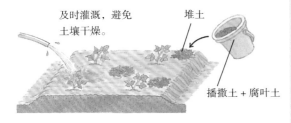

及时灌溉，避免土壤干燥。

堆土

播撒土 + 腐叶土

降霜开始时，注意防寒。

开排气孔，避免白天温度上升过高。

塑料大棚

温暖地区可以使用寒冷纱。

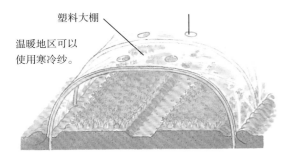

利用水田

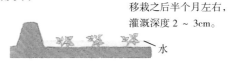

移栽之后半个月左右，灌溉深度 2 ~ 3cm。

水

夜

叶尖露出水面 3cm 左右。

寒冷夜晚深入水中，起到防寒作用。

昼

叶尖露出水面 10cm 左右。

白天保持浅水。

（育苗箱栽培）

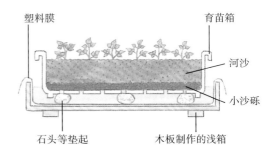

塑料膜

育苗箱

河沙

小沙砾

石头等垫起

木板制作的浅箱

4 采收

水芹（旱田）
旱田或花盆栽培时，可以摘取采收。

摘取

水芹（水田）
芽长可达 15cm，从根底拔起采收，避免损伤茎叶。

拔取

135

荷兰芹

古罗马时代就已用于制药、香辛料。富含维生素及矿物质，除了制作沙拉及凉拌菜，还能制作天妇罗。

〇**品种**　分为缩叶种和平叶种，市场售卖的基本为深绿色的"Paramount"系列缩叶种。较为常见的品种包括夏季采收的"濑户Paramount""Curly Paramount"，还有整年采收的"Ny Carl Sanma"。后者为平叶种，叶片无收缩。近年来多以"意大利荷兰芹"等菜名售卖，极受欢迎。

〇**栽培的关键**　适宜凉爽环境，盛夏时节生长缓慢。但是，只需稍加管理，健康度过夏天不成问题。冬季，新叶重生需要气温在5℃以上，但0℃以下也能越冬。所以，这种蔬菜基本整年都能栽培。

通常，采用春播或秋播。种子不易发芽，播种之前应仔细水洗，将抑制发芽的物质冲洗干净。采收从下方的叶片依次开始，有利于促进新叶的生长。

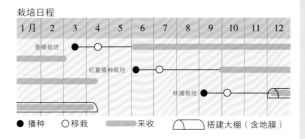

栽培日程

	1月	2	3	4	5	6	7	8	9	10	11	12
春播栽培			●	○								
初夏播种栽培					●	○						
秋播栽培									●	○		

● 播种　　○ 移栽　　▬ 采收　　◖ 搭建大棚（含地膜）

1 育苗

以每平方厘米1颗种子的密度，在育苗箱内播种。

真叶长出2片时，移栽至3号育苗盆。

如苗较少，可以直接在育苗盆内播种育苗。

真叶长出5～6片之后定植。

2 施加基肥

（田垄每米用量）

完全腐熟堆肥　5～6把
化肥　3大勺
油粕　5大勺

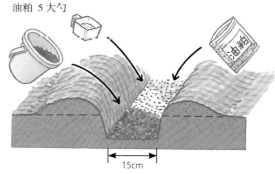

15cm

将沟回填，起垄。

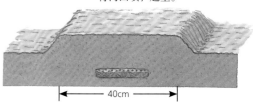

40cm

3 移栽

株根不得埋入太深。

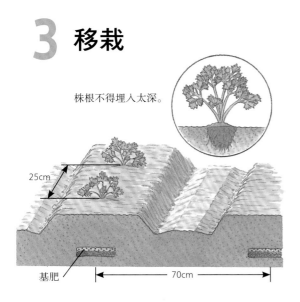

25cm

基肥　70cm

4 追肥

化肥 少量
油粕 少量

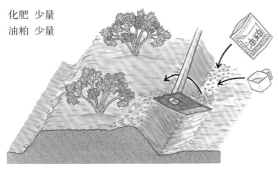

观察生长状态，每隔 15 ~ 20 天追肥 1 次，在田垄一侧施撒肥料，用锄头将肥料与土壤稍加混合，同时将松散的土堆到田垄上。

5 铺设稻草

夏季干燥时期，在株根周围铺设稻草。

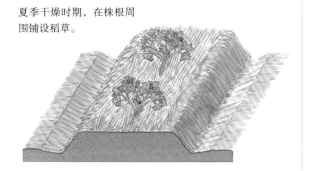

6 害虫防除

金凤蝶的幼虫是最大危害。如植株数量少，应在生长初期每天捕杀。

注意成虫飞入。

春季及秋季出现害虫时，喷洒杀虫剂。

7 采收

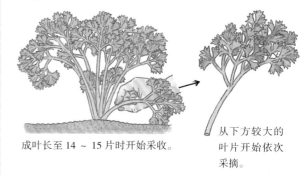

成叶长至 14 ~ 15 片时开始采收。

从下方较大的叶片开始依次采摘。

（花盆栽培）

在长方形花盆内植入 2 株。半个月施撒一次化肥，并与土壤混合。

土表面变硬时，用竹筒铲戳软。

菠菜

富含各种维生素、矿物质的健康蔬菜，可整年栽培。耐寒性强，0℃条件下也能生长，甚至能够经受住 –10℃ 的低温。相反，不耐高温，20℃以上条件下生长状态变差。所以，如希望夏季能够采收，应选择合适的品种及隔热材料，并注意浇水。

○品种 大致可分为三种：自古以来就有的东洋种（叶片裂口深，根部呈红色），西洋种（叶片厚，叶形圆），以及杂交种。播种时对应时节，春播选择不易抽薹的品种，夏播选择具有耐暑特性的品种。

○栽培的关键 极不耐酸，pH 值低于 5.2 时会导致发育不良，应在田地内施撒石灰。对土壤的适应性较强，但不耐多湿环境，排水不畅也会导致发育不良、病虫害增多等，雨季应注意田地表面的排水。

高温时期栽培时，覆盖地膜或遮光材料，避免日晒雨打。

栽培日程

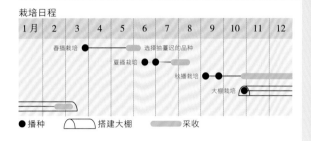

1月	2	3	4	5	6	7	8	9	10	11	12

春播栽培 选择抽薹迟的品种
夏播栽培
秋播栽培
大棚栽培

● 播种　　搭建大棚　　采收

1 整地

在田地整面施撒完全腐熟的堆肥及石灰，并深耕。

排水沟

排水不畅的位置植株容易腐烂枯萎。

秋播恰逢台风季节，需要四处挖沟，做好田地整面的排水工作。

2 施加基肥

（田垄每米用量）

化肥 5 大勺

在肥料上方覆土，用锄头仔细整平底面。

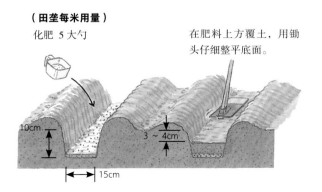

10cm

3～4cm

15cm

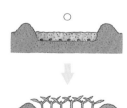

○　　×

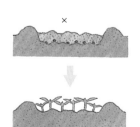

种植沟的底面平整且覆土均匀，有利于发芽及生长。

种植沟的底面凹凸不平，覆土厚度不均匀，发芽及生长状态良莠不齐。

3 播种

播种之前在种植沟整面充足灌溉。

种植沟播种

每 2cm² 播种 1 颗种子。

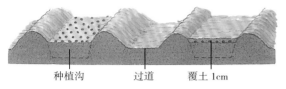

种植沟　过道　覆土 1cm

苗床播种

以 15cm 为间隔，用木板划出宽 2cm、深 1cm 左右的播种沟。

覆土 1cm 左右，充分灌溉。

4 间苗

3 ~ 4cm

5 ~ 6cm

第 1 次

真叶长出 1 片时，间苗距离为 3 ~ 4cm。

第 2 次

生长高度达到 7 ~ 8cm 时，间苗距离为 3 ~ 4cm。

5 追肥

第 1 次、第 2 次间苗之后，在田垄之间施加化肥，并稍稍翻耕。

（田垄每米用量）

化肥　3 大勺

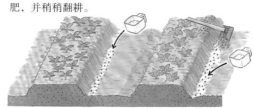

6 病虫害防除

夜盗虫

周边杂草多，容易出现虫害。应覆盖防虫网，或喷洒杀虫剂。

霜霉病

密集种植时容易染病，应及早喷洒杀虫剂。

7 采收

生长高度达到 25cm 左右之后采收。培育成比市场售卖的稍大（高 30cm 左右），同样美味。

亚洲种　　　　　　　杂交种

（搭建大棚）

防雨（夏季）

遮光材料或整面开小孔的薄膜。

如果使用遮光材料，会导致地温降低，发芽时间推迟。而且，生长过程中光线不足，容易出现徒长。使用整面开孔的薄膜，虽然会有些雨水进入，但能够保持换气，使用方便。总之，无论使用哪种覆盖材料，均需掀开边缘，保持通风。

寒冷纱防虫

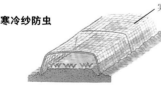

寒冷纱（也可使用防虫网）

如果直接覆盖在叶片上方，害虫会透过网眼产卵，建议搭建成拱形。

保温①

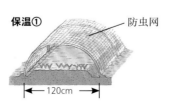

防虫网

120cm

保温②

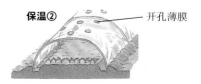

开孔薄膜

回回苏

日式料理中不可或缺的香味蔬菜。其特点是只需改变采收时期及采收部位，就能有5种用途。培育方法简单，花盆也能栽培，非常适合在庭院或花盆中培育。

○**品种** 较为常用的是绿色的"绿回回苏"和紫红色的"红回回苏"。此外，还有皱叶品种。

○**栽培的关键** 培育长出2片真叶的苗之后，移栽至田地中。每年种植的田地内，4月左右（漏出的）种子发芽，也可将其移栽至田地中育苗。但是，此时幼苗已经退化，应选择叶形、颜色等较好的移栽。

花芽在短日照状态下产生分化，使用电灯从傍晚照射至夜间9点左右可防止其分化，在秋季也能收获优质的大叶。

近年来，害虫（长毛黑小卷蛾、紫苏野螟）较多，应及早捕杀或喷洒药剂，做好防除工作。

栽培日程

1月	2	3	4	5	6	7	8	9	10	11	12

常规栽培
芽苗栽培
期间可连续栽培

● 播种　○ 移栽　⬤ 搭建大棚　▬ 采收

1 育苗

在育苗箱内条播。新种子需要休眠，3月之前不发芽。

种子的间隔为5~7mm。

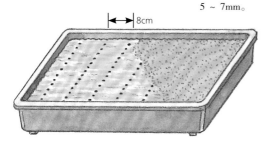
8cm

真叶长出后间苗。

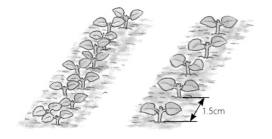
1.5cm

真叶长出2片时，制作苗床并移栽幼苗。

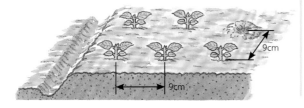
9cm
9cm

4片真叶长大时，事先在苗床中挖出附着足量土壤的幼苗。

2 整地

（每平立米用量）
完全腐熟堆肥 5~6把
化肥 3大勺
油粕 5大勺

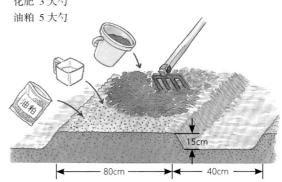
油粕
15cm
80cm
40cm

3 移栽

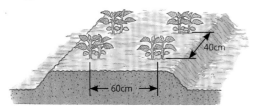

刚开始生长缓慢，可采收的叶片较少，所以每处种植 2 株。之后，可继续保留 2 株，如生长过密，可间苗后保留 1 株。

4 追肥及铺设稻草

生长高度达到 15 ~ 20cm 时，在苗床两侧追肥，用锄头将肥料与土壤混合，堆至田垄。之后，每隔半个月少量追肥一次。

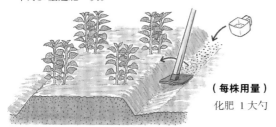

（每株用量）
化肥 1 大勺

不耐干燥，进入夏季之前应铺设稻草。

5 采收及使用

绿回回苏可用于刺身的装饰或天妇罗配料。红回回苏可用于腌渍梅干或姜。

绿回回苏

主枝的叶片达到 10 片以上时，依次摘掉下方的叶片。

花穗回回苏

开花

花轴下方的花蕾开花 30% 时，可用于刺身或天妇罗。

穗回回苏

下方结出果实，上方正在开花时，可用于天妇罗或摘下果实腌渍。

回回苏的果实
（果穗）

果实足够大的，可用于煮菜等配料。

（简单培育芽回回苏）

土（河沙与泥炭藓 8 : 2）

以 5 ~ 6mm 间隔播种（覆薄土），盖上报纸。

全部发芽后取下报纸，接受光照。

施加 1 次液肥。用剪刀剪取收获。

佐酒菜或装饰菜。

绿芽
真叶尚未长出时。

红芽（紫芽）
真叶长出 2 片时。

富含钙、维生素 B1 及维生素 B2 的健康蔬菜。口感自然，切开后有黏性。

○**品种** 品种尚未分化，可购买长蒴黄麻的种子培育。

○**栽培的关键** 属于高温性植物，应在足够温暖的 4 ~ 5 月播种育苗。提前两天将种子放入温水中浸泡，播种之后可提高发芽率。最近，也有幼苗售卖，培育更方便。

不适应低温环境，移栽时如田地温度较低，应先覆盖地膜。茎部比较柔弱，强风地区须搭架保护。想要连续收获柔软的优质品，关键在于使其长出较多侧枝。因此，需要多追肥，注意肥料管理，避免缺肥。

长蒴黄麻

栽培日程

1月	2	3	4	5	6	7	8	9	10	11	12

大棚栽培

露地栽培

● 播种　○ 移栽　⌒ 搭建大棚　▬ 采收

1 育苗

种子较小，覆土时应十分仔细，覆土厚度约为 1 ~ 2mm。

在育苗盆内播种 5 ~ 6 颗种子。

根据苗的生长状态进行间苗，最终保留 1 株。

生长高度达到 15cm 左右时，移栽至田地内。

2 整地

（种植沟每米用量）
堆肥 5 ~ 6 把
化肥 3 大勺
油粕 5 大勺

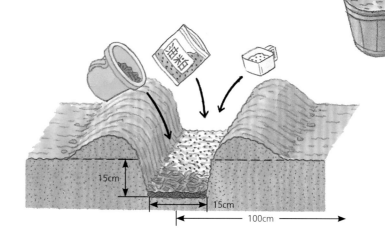

15cm

15cm

100cm

3 移栽

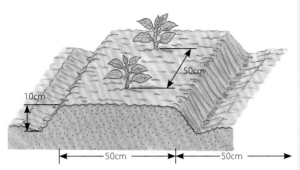

田地干燥时，对株根少量浇水。初春如果浇水过多，会导致地温下降，影响生长。

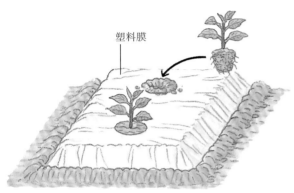

塑料膜

不适宜在低温条件下培育，建议覆盖地膜，保持并提高地温。如需早收，需采用大棚栽培。

4 追肥

（每株用量）

化肥 1 大勺
油粕 1 大勺

移栽后 20 天左右，每隔半个月追肥 1 次。

能够连续收获柔软的优质品的关键在于使其长出较多侧枝。因此，需要多追肥，注意避免缺肥。

5 管理

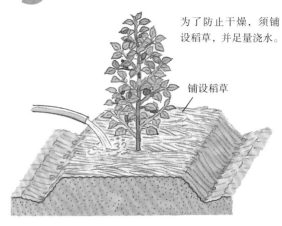

为了防止干燥，须铺设稻草，并足量浇水。

铺设稻草

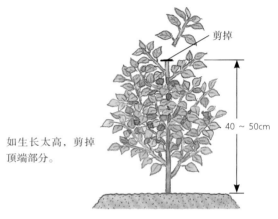

剪掉

40 ～ 50cm

如生长太高，剪掉顶端部分。

6 采收

生长高度达到 50cm 左右时，用剪刀或指甲摘取芽尖柔软部分（15 ～ 20cm 长）。

多分枝，就能长出更多芽尖，收获量随之增加。
（右图省略叶片）

蜂斗菜

山中野生，数量极少的日本原产蔬菜。在庭院里、树荫下、田边一角等场所栽种之后，基本不用管理就能长年采收，非常方便。不仅叶柄能够食用，早春采摘的蜂斗菜也别有一番独特的风味。

○**品种** 已形成的品种包括"爱知早生""水蜂斗菜"和大型的"秋田蜂斗菜"等，品种较少。如果无法获得根株，也可采集野生种子培育。

○**栽培的关键** 移栽适宜时期为8月下旬～9月。挖出大植株，将结实的地下茎分切出3～4节（10～15cm长）作为种根，并成行排列移栽。不耐夏季酷热，建议移栽至树荫下等半阴环境。

为了获得优质的蜂斗菜，应在其生长旺盛时少量追肥，过密时进行间苗。

4～5年左右整体移栽，使植株长势能够充分恢复。

栽培日程

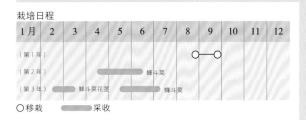

1月	2	3	4	5	6	7	8	9	10	11	12

（第1年）
（第2年） 蜂斗菜
（第3年） 蜂斗菜花茎 蜂斗菜
○移栽 采收

1 挖出根株

8～9月时，从田地中挖出根株。

叶柄

地下茎

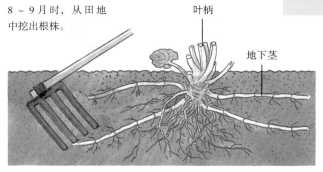

挖出时尽可能保留较大较完整的地下茎。

地下茎分切出3～4节（10～15cm长）。

2 施加基肥

在提前施撒石灰并翻耕的田地内挖出7～8cm深、锄头宽的沟，施加基肥后回填。

（种植沟每米用量）
堆肥 大量
油粕 1把

在基肥上方覆土4～5cm，制成种植沟。

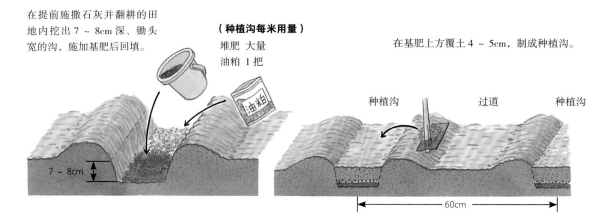

7～8cm

种植沟 过道 种植沟

60cm

3 移栽

移栽后覆土。

地下茎在与沟底面保持水平排列的状态下移栽。

覆土 3 ~ 4cm，避免过厚。

铺设稻草

铺设稻草，用于防干燥、防暑。

4 追肥及灌溉

春季至秋季，在田垄的过道侧施撒 3 ~ 4 次油粕，并用锄头翻耕，与土壤混合。

（田垄每米用量）
油粕 3 ~ 4 大勺

进入夏季之后，增加稻草。如干燥严重，可灌溉。

5 遮光

可种植一行玉米、甜高粱，形成遮光环境。

遮光用寒冷纱

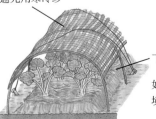

下方掀开多些

如选择树荫等半阴环境，则不需要遮光。

在大棚上方覆盖遮光网等。

6 间苗

第 2 年之后，田地整面已被叶片覆盖。如生长过密，可间苗后保留 1 行。

7 采收

5 ~ 6 月，叶柄开始延伸，应时依次割取，避免变硬。

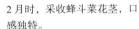

2 月时，采收蜂斗菜花茎，口感独特。

（各种蜂斗菜）

爱知早生

叶柄长的品种。

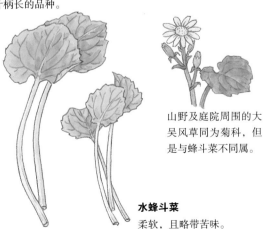

山野及庭院周围的大吴风草同为菊科，但是与蜂斗菜不同属。

水蜂斗菜

柔软，且略带苦味。

秋田蜂斗菜

高 2m、叶片直径 80 ~ 100cm 左右的巨大品种。

茗荷

土壤中的地下茎横向展开，地上露出茎状的芽。夏季至秋季长出的花蕾，可作为"茗荷花"使用。此外，如果刚开始注意茎部的遮光及软化处理，可以作为"茗荷竹"使用。

○品种　原生品种包括群马县的"阵田早生"、长野县的"诹访一号"及"诹访二号"等。通常，早生的称之为"夏茗荷"，晚生的称作"秋茗荷"，茗荷花属于前者，茗荷竹属于后者。

○栽培的关键　3月时挖出根株，移栽于田地内。第一次种植时，可选购市售的成品根株。

适合在较湿润的土地栽培，尤其是树枝之间漏出些许阳光的环境。为了确保温度适宜，必须铺设稻草（落叶、干草等也可）。

属于多年生草本，正式收获从第2年开始。之后可采收多年。但是，经过4～5年后，芽的数量繁殖过度，逐渐长不出优质品，此时应间苗。

栽培日程

1月	2	3	4	5	6	7	8	9	10	11	12	
		○						夏茗荷				
		○							秋茗荷			
		○		软化栽培（茗荷竹）								

○移栽　　软化　　采收

1 整地

（每平方米用量）
堆肥 1桶
石灰 3～5大勺

冬季施撒堆肥及石灰，深耕至20cm左右。

20cm

2 挖出根株

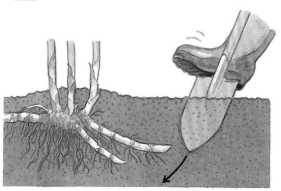

挖出植株时，尽可能连着根部。

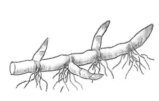

将铁锹深插入植株周围，挖出根株。

选择带3个芽的健壮根部。

第一次种植时，可选择购买市场售卖的成品根株。

茗荷

与防干燥材料一起储藏。

3 移栽

土堆高至两侧，挖出种植沟。

6 ~ 7cm

50 ~ 60cm

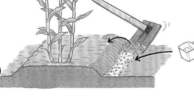

30cm

8 ~ 9cm

每处移栽 3 个根株，间隔 5 ~ 6cm。移栽完成之后，覆土 8 ~ 9cm 厚。

4 追肥

第 1 次

生长高度达到 20 ~ 30cm 时

（田垄每米用量）

化肥 3 大勺

第 2 次

第 1 次追肥 1 个月之后

（田垄每米用量）

化肥 3 大勺

生长过程中，在田垄之间追肥 3 次，并与土壤稍加混合。田地整面布满植株后施撒肥料，且肥料不得施撒到叶片上。

5 铺设稻草及灌溉

芽长出时，整面铺设干草或稻草。

容易干燥的田地，在干燥期及时灌溉。

6 采收

茗荷花

○ ×

采摘延迟就会开花。

膨大状态，内部充分收紧时应及时采收。如已经开花，会明显影响品质。

软化茗荷（茗荷竹）

细切成针状，用于刺身的配菜或煮汤，也可炒过之后撒上芝麻等。

高 50cm 左右。

（软化茗荷的培育方法）

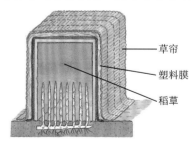

草帘

塑料膜

稻草

在塑料膜上方覆盖厚的保温材料，注意保温及遮光。

染红的方法

导光

（导入外气及弱光）

第 1 次

5 ~ 6cm 时

第 2 次

15cm 左右时

空心菜

原本为南方的水生植物，适合在湿润土壤中栽培，且耐暑性强，在绿叶菜较少的盛夏也能持续生长。不耐低温，初春季节生长缓慢，秋季低温条件下长势明显颓弱，遇到降霜则会立即黑变、腐烂。

○**品种** 原本为湿地性植物，但逐渐分化为陆地性植物及中间性植物，叶形也分为柳叶类和长叶类。但是，并未形成独立品种。

○**栽培的关键** 育苗时通过大棚保温，田地内直接播种时需等到气温上升之后，且需要覆盖地膜。空心菜种子不易吸水，发芽需要数天。所以，应该将种子放入水中浸泡一晚，充分浸水之后播种。或选择长势良好的成品菜，剪下 10cm 左右芽尖部分，插入土中进行繁殖。

如果是干燥的田地，注意经常灌溉，夏季还要在株根附近铺设稻草、干草等，避免干燥。

栽培日程

1月	2	3	4	5	6	7	8	9	10	11	12

● 播种　　○ 移栽　　▬ 采收

1 育苗

育苗箱育苗

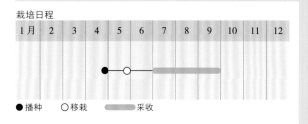

种子在水中浸泡一夜之后发芽率更高。

在育苗箱内条播。

真叶长出 1 片及 3 片时分别间苗一次，株距以 7 ~ 8cm 为宜。

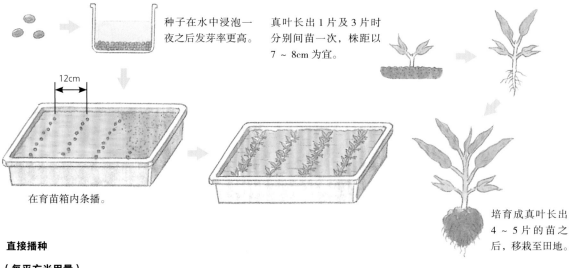

培育成真叶长出 4 ~ 5 片的苗之后，移栽至田地。

直接播种

（每平方米用量）

油粕 5 大勺
完全腐熟堆肥 4 ~ 5 把

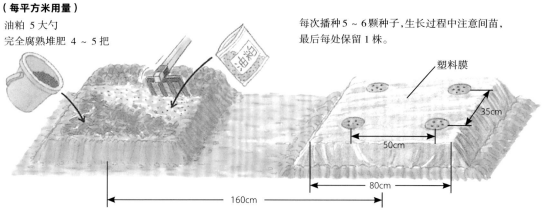

每次播种 5 ~ 6 颗种子，生长过程中注意间苗，最后每处保留 1 株。

塑料膜

35cm

50cm

80cm

160cm

2 整地（育苗）

（田垄每米用量）
油粕 5 大勺
堆肥 4 ~ 5 把

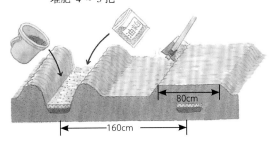

3 移栽（育苗）

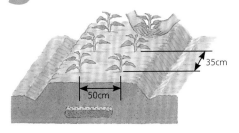

4 追肥及铺设稻草

第1次
（每株用量）
化肥 2 大勺
油粕 5 大勺

铺设稻草

生长高度达到 15cm 左右时挖浅沟，施肥后翻耕，与土壤混合，并在株根周围铺设稻草。

第 2 次及之后
（每株用量）
化肥 2 ~ 3 大勺

长大之后，观察叶片颜色及收获量，四处施撒肥料。追肥频率大概半个月一次。

5 采收

用剪刀剪取

第一次采收时，底部叶片保留 2 ~ 3 片。

藤蔓长满整面后采收时，选择较长的芽尖剪取 15cm 左右。

6 使用

茎部和叶片分开使用，可制作两种菜肴。

开水中煮至沉底即可。

水煮。　拌菜。
撒芝麻。

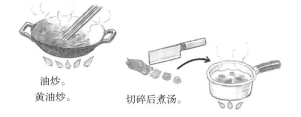

油炒。
黄油炒。　切碎后煮汤。

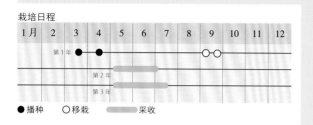

自古罗马时代起，就将其用作药品，如今在欧洲及俄罗斯的家庭菜园也能经常见到。其强烈酸味适合制作果酱，作为馅饼的馅料也很合适。

○**品种** 分为红茎种和绿茎种，红茎种颜色较深的为优质品。此外，还有"Victoria""Mammoth Red"等品种。目前，市场上并未按细分的种子售卖，商品名均为"食用大黄"。

○**栽培的关键** 可选择自己育苗，或者向栽培大黄的人购得一些根株进行培育。大黄属于生命力顽强的多年生草本，栽种之后可连续采收多年。

不适宜在过于湿润的土壤环境下培育，在这种条件下长势会明显颓弱，甚至枯萎。所以，应选择排水良好的田地进行栽培。移栽时施加粗堆肥和肥料，夏季追肥 1 ~ 2 次。7 月左右会出现抽薹，趁早摘除即可，其他不用太细心管理。

栽培日程

1月	2	3	4	5	6	7	8	9	10	11	12
第 1 年		●	●					○	○		
第 2 年											
第 3 年											

● 播种　　○ 移栽　　▬▬ 采收

1 育苗

种子带有 3 ~ 4 片薄翼，外形与荞麦的种子相似。

在 3 号育苗盆中播种 5 ~ 6 颗种子之后覆土。

真叶长出 1 ~ 2 片时，间苗后保留 1 株。

真叶长出 4 ~ 5 片时，移栽至田地内。足量浇水之后从育苗盆中取出，且避免损伤根系。

将育苗盆放入育苗箱内，方便移动。

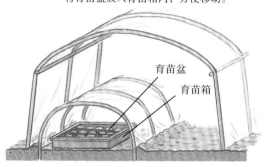

育苗盆

育苗箱

发芽需要一段时间，初期生长缓慢。为了提升第一年的收获量，可放置温室内育苗。

2 整地

（田垄每米用量）

堆肥 5 ~ 6 把
化肥 3 大勺
油粕 5 大勺

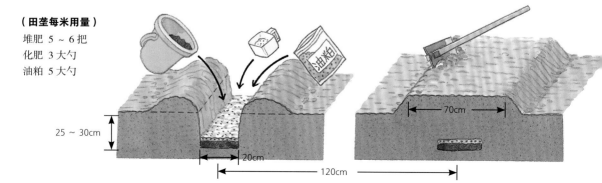

25 ~ 30cm

20cm

70cm

120cm

3 移栽

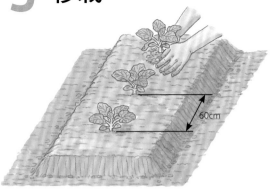

较早栽种温室培育的幼苗时，建议覆盖地膜。

用刀划出切口，
移栽幼苗。

黑色塑料膜

4 追肥

（每株用量）
化肥 1 大勺

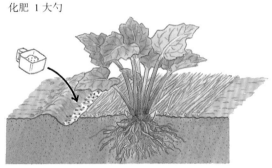

夏季追肥 1 ~ 2 次，
挖沟施肥之后培土。

5 摘蕾

7 月左右抽薹。如果放任不
管，会影响叶片生长，应
及早摘除。

剪断

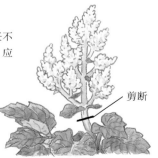

6 冬季追肥及培土

（每株用量）
堆肥 4 ~ 5 把
油粕 3 大勺

根系延伸庞大，冬季休眠过程中也
要足量施肥。

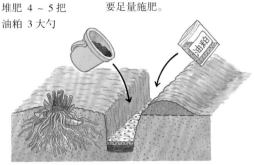

早春发芽前堆土，易于长出优质的红色柔软叶片。

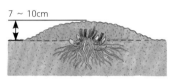

7 ~ 10cm

根据土壤状态调整堆
土量。排水较好的土
壤可较厚堆土。

7 采收及使用

叶片富含草酸，不适合食用。

采收

剪断

5 ~ 6 月生长旺盛时期，每
隔 2 周采收一次（2 ~ 3 片）。
梅雨季节生长缓慢，应减少
采收次数。

使用紫红色的叶柄
部分。

用于制作带有清爽酸味的果酱、
糖渍大黄、果子露等。

果酱　　　果子露

糖渍大黄

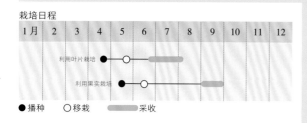

栽培历史悠久，曾经是加工食用油、工业油的重要经济作物。但是，随着菜籽油的出现以及石油开采技术的发展，一度被人们淡忘。近年来，有益健康的紫苏油及紫苏叶片的利用价值再次受到人们关注。

○**品种**　尚无品种名称分类。但是，种子颜色有黑色及白色，茎部颜色有绿色及红色，还可分为野生及人工培育等。通常，市场均以"紫苏"名称售卖。

○**栽培的关键**　仍有大量野生，所以生命力顽强，比其他蔬菜更容易栽培。

利用叶片在4月栽培，利用果实在5月栽培，并且均在保温箱内栽种，之后移栽至苗床。或者，在育苗托盘内播种，真叶长出5～6片后移栽至田地。

利用叶片培育时，注意追肥及灌溉。生长旺盛时期，茎叶又大又长，叶片容易软化，应注意适当间苗。

栽培日程

1月	2	3	4	5	6	7	8	9	10	11	12

利用叶片栽培 ●——○——
利用果实栽培 ●——○——

● 播种　○ 移栽　▬ 采收

1 育苗

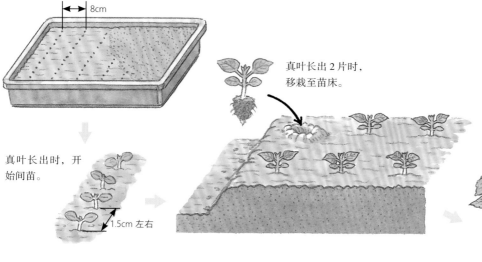

真叶长出时，开始间苗。

1.5cm 左右

真叶长出2片时，移栽至苗床。

培育完成的苗
真叶长出5～6片。

2 整地

（每平方米用量）
完全腐熟堆肥5～6把
油粕3大勺
化肥2大勺

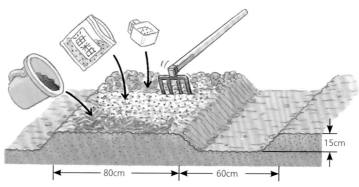

80cm　60cm　15cm

施加优质堆肥，可收获更多优质叶片。

3 移栽

移栽之后，在植株周围充
分灌溉。

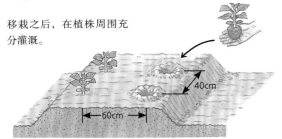

40cm
60cm

4 追肥

第1次
（每株用量）
化肥 1 大勺

生长高度达到 15 ~ 20cm 时，在
苗床两侧施撒肥料，并用锄头将
其与土壤混合后堆至田垄。

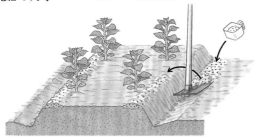

第 2 次及之后
（每株用量）
化肥 1 大勺

进入生长旺盛时期，观察
长势及叶色，每隔半个月
追肥 1 次。

在植株周围零
星施撒肥料。

5 铺设稻草及灌溉

夏季过于干燥会造成叶片萎靡、停止生长。所以，容
易干燥的田地应注意铺设稻草及灌溉。

6 采收及使用

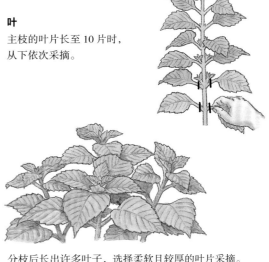

叶
主枝的叶片长至 10 片时，
从下依次采摘。

分枝后长出许多叶子，选择柔软且较厚的叶片采摘。

可包烤肉，
或用泡菜、酱油、盐
腌渍食用。

果实
采摘用于榨油的紫苏时，剪下完全成熟的籽实。与利
用叶片的紫苏不同，利用果实的紫苏需要在面积较大
的田地中粗放式栽培。而且，肥力差的田地也能正常
收获。

刚成熟的果穗　　　　　　完全成熟的果实

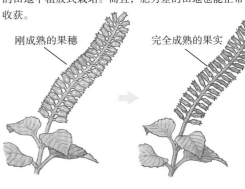

刚成熟的果穗捣碎之后，
作为调味汁。

完全成熟的果实烘烤后
榨油，富含 α - 亚麻酸，
已成为最近热门的健康
食用油。

洋葱

有独特的刺激性气味，适合用于消除肉类及海鲜的腥味，以及在各种菜肴中增加甜味。洋葱易于储藏，且可连作，适合家庭菜园种植。

○品种 从早生（短日条件下膨大）至晚生（长日条件下膨大）可分为许多品种。早生品种包括"Sonic""Mach""贝塚早生"，中生品种包括"OL黄""Turbo"，中晚生品种包括"淡路中甲高""Attack"等。此外，食用品种包括紫红色的"湘南红""猩猩红"等。

○栽培的关键 极早生品种和晚生品种的播种适宜时期有 20 天左右的时间差。晚生品种如果提前太早播种，春季会出现许多抽薹。因此，应注意品种特性，在合适的时期播种。

基肥中应多施加磷酸成分，在冬季之前使根部充分伸长。避免深栽，种上之后按压株根周围的土也是关键。储藏时，应观察倒伏状态，趁早从田地中挖出。

栽培日程

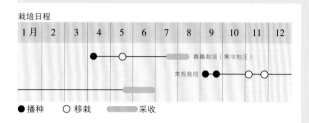

1月	2	3	4	5	6	7	8	9	10	11	12

春播栽培（寒冷地区）

常规栽培

● 播种　○ 移栽　　采收

1 育苗

（每平方米用量）

石灰 5 大勺
化肥 5 大勺

事先在田地整面施撒石灰、化肥，并翻耕。

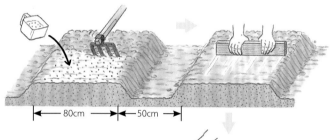

为了确保排水良好，将中央部位稍稍堆高，并用木板等整平表面。

80cm　50cm

每 1 ~ 1.2cm 见方播种 1 颗种子。小心播种，避免种子倾斜。

用筛网均匀施撒。

土

草木灰

覆土至看不见种子为止，并用木板按压。最后，在上方薄薄撒一层草木灰。

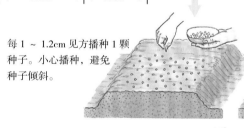

覆盖完全腐熟堆肥的碎渣，直至看不见草木灰为止。

稻草

铺设稻草等防护，遮风挡雨。

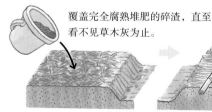

**在苗床上追肥
（每平方米用量）**

化肥 2 大勺

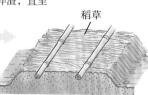

培育完成的苗

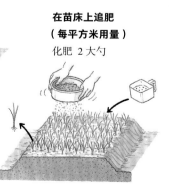

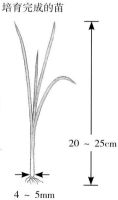

20 ~ 25cm

4 ~ 5mm

生长高度达到 6 ~ 7cm 及 10cm 时，分别对过密部分实施间苗及追肥，并用筛网细致撒土，直至肥料看不见为止。

（苗床播种）　　　（条播）

注意：使用完全腐熟的堆肥，不得施撒未腐熟的堆肥。

2 施加基肥

（每平方米用量）
完全腐熟堆肥 4 ~ 5 把
化肥 5 大勺
过磷酸钙 5 大勺

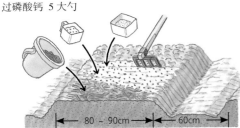

（每平方米用量）
化肥 2 大勺
过磷酸钙 2 大勺
完全腐熟堆肥 少量

北（西）侧田垄保持稳定。

←北（西）南（东）→

10cm

15cm

挖出锄头宽的沟，施加基肥。

覆土 5cm 左右，避免肥料直接接触根部。

用手指插入，收紧株根周围的土。

3 移栽

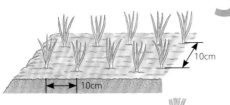

10cm

10cm

2 ~ 2.5cm

移栽的深度白色部分露出地面。

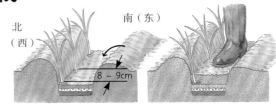

北（西）　　南（东）

8 ~ 9cm

尽可能接近直立状态，将根部植入。

苗稳固之后覆土，用脚踩实株根周围，使根部与土壤充分贴紧。

---

4 追肥（各行每米用量）

（每平方米用量）
化肥 3 大勺

在株距之间施肥，用竹筒铲等与土壤稍加混合。

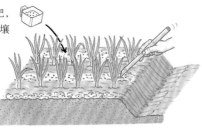

化肥 2 大勺（第 1 次及第 2 次均相同）

第 1 次　12 月中下旬
第 2 次　3 月上旬

沿种植沟用锄头挖出浅沟，施加肥料后覆土。

---

5 采收及储藏

约八成倒伏时，选择天气晴好的日子全部拔出。

经过 3 ~ 5 天，茎叶干枯之后即可储藏。

5 株拴起成一组，置于通风位置。

如未挂起储藏，切下茎叶后放入网篮中，置于通风良好位置。

荞头

糖醋荞头是咖喱饭必不可少的配菜。此外，还有煮后醋泡或采摘嫩芽生吃等食用方法。

荞头最适合栽种于沙质土壤中，且大部分土壤均适合栽种，田地周围及倾斜地面也能栽培，不需要精细管理，适合连作。

○**品种** 种子不用采集，以种球状态维持繁殖，所以品种尚未分化太多，仅有"八房""仓田""玉荞头""九头龙"。常见品种为"仓田"，呈长椭圆形，个头大，各地均有栽培。"玉荞头"个头小，同"九头龙"一样常用于醋泡腌制。

○**栽培的关键** 生长周期较长，选择田地时应考虑前后作物，并购买优质种球培育。

可一次栽种许多种球，也可第一年不采收，持续栽培两年，可增加球果数量。但是，球果难以膨大，可收获较多小球果。

栽培日程

1月	2	3	4	5	6	7	8	9	10	11	12

常规栽培 ○○

两年持续栽培 ○○

○移栽　　采收

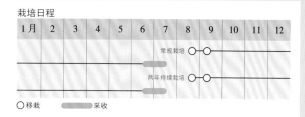

1 准备球种

6 月采收干燥的球果。

将球果逐个剥下，撕下枯叶。

种球成形。

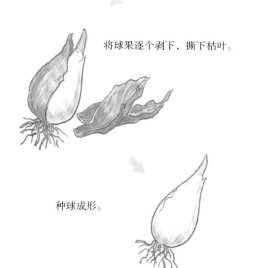

2 整地

之前作物及早清理干净，并仔细翻耕。

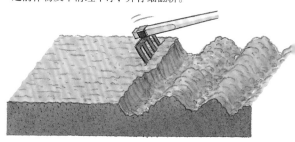

施肥量少也能健康生长，不需要基肥。

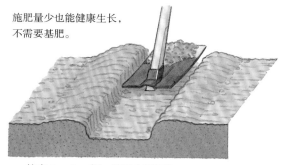

挖出 4 ~ 5cm 深、约锄头宽的沟。

3 移栽

单球移栽（常规）

数量少，可收获大
球果。

三球移栽

可收获许多小球果。

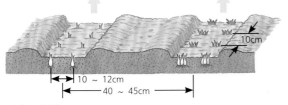

10cm

10 ~ 12cm

40 ~ 45cm

种球立起插入
土中。

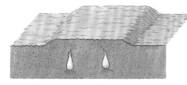

种球上方覆土 2 ~ 3cm。

4 追肥

在贫瘠土地也能健康生长，肥料
须适量减少。但是，如叶色较浅，
可在 2 ~ 3 月左右追肥，并与土壤
稍加混合。

（田垄每米用量）
化肥 2 大勺

5 培土

3 ~ 4 月生长旺盛
时期进行培土。

如未培土，则圆球、长
球增多，良果率降低。

○ × ×

6 采收

第二年 6 月下旬至 7 月上
旬，呈长椭圆形膨大，球
内的青色部分极少，在叶
片完全枯萎之前采收。

用镰刀割取，再用锄头挖出
球果。

7 使用

采摘嫩果，蘸上酱料
生吃。

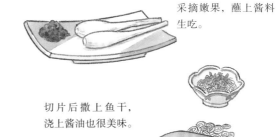

切片后撒上鱼干，
浇上酱油也很美味。

盐醋腌渍
①放入水中揉洗，去除剥皮后清理干净。
②撒盐，用重物压住。
③1 个月后，放入甜醋中。

醋、酱油腌渍
煮后用醋及酱油等腌渍。

大蒜

大蒜素散发出特有的强烈气味，糖分、维生素 B1 较多，自古以来用于香辛料。种子不易采集，蒜瓣可作为种球栽培。

○**品种**　各地区的品种各异，包括寒冷地区的"寒地白""白六片"，温暖地区的"白""福地白""上海白"等品种，应根据当地气候环境选择种植。

○**栽培的关键**　种球在 9 月上旬之前处于休眠状态，休眠期之后即可移栽。基肥中的堆肥应充分腐熟，且避免害虫混入基肥中。植株长出 2 芽时及早摘除，且春季生长旺盛时会有抽薹，应及早摘除。

应选择晴朗天气采收。大蒜不仅球果可食用，嫩叶状态的蒜叶也可食用，用途广泛。

栽培日程

1月	2	3	4	5	6	7	8	9	10	11	12

○移栽　　　　采收

1 整地

（每平方米用量）
石灰 3 ~ 5 大勺
油粕 3 大勺
化肥 3 大勺

田地整面施撒基肥，深耕至 15cm 左右。

2 准备种球

剥掉外侧的剥皮。　　　仔细剥开分球。　　　逐个分开。

3 移栽

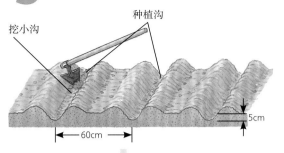

挖小沟
种植沟

60cm
5cm

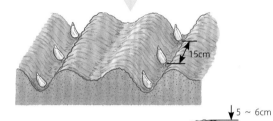

15cm

5 ~ 6cm

在种球上方覆土 5 ~ 6cm 厚。

4 追肥

第 1 次 10 月
每行一侧施撒肥料，与土壤
稍加混合。

（田垄每米用量）
化肥 1 大勺
油粕 3 大勺

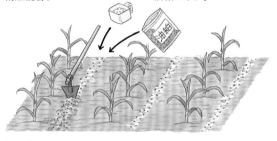

第 2 次 12 月
施肥量与第 1 次相同。在田垄之间施撒
肥料，稍加覆土。

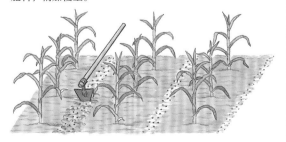

第 3 次 2 月下旬
用量及施加方法与第 2 次相同。

5 摘腋芽及摘蕾

分球之后，摘除伸出的腋芽。

压住需要留下的种
球的根部，摘取另
一个腋芽。

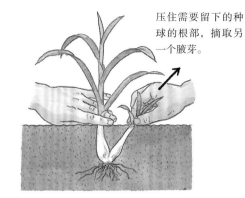

春季时期出现抽薹，从叶片顶
端长出之后，及早摘掉花蕾。
摘下的花蕾可食用。

6 采收及储藏

三分之二的茎叶枯萎之后
即可采收。

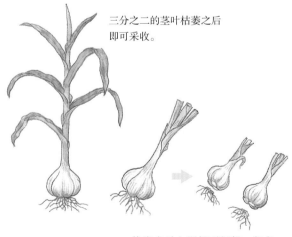

拔出之后立即切下根部，留在
田地中干燥 2 ~ 3 天。时间久
了根部会变硬，难以切下。

干燥之后分 7 ~ 10 个球果一组用
绳子穿起，挂在通风良好的屋檐
下备用。

葱

叶片分为叶身（绿叶）和叶鞘（白根），根深的葱主要食用叶鞘，叶葱（第 162 页）主要食用叶身，且柔软的叶鞘部分也能一起食用。

○品种　在日本关东地区，自古以来就有"千住合柄""深谷""石仓""金长"等代表品种。此外，各地也有许多优良的原生品种及原生系统，且改良品种也有较多种植。

叶葱（第 162 页）

栽培日程

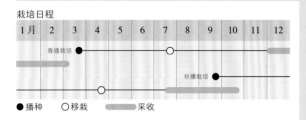

1月	2	3	4	5	6	7	8	9	10	11	12

春播栽培

秋播栽培

●播种　○移栽　　采收

○栽培的关键　高温、干燥及低温等环境均适宜，生命力顽强。不耐潮湿，适合在透气性良好的土地中培育。不易出现连作危害，且培土需要深挖，有利于土壤改良。

苗尽可能培育成大苗，选择大小整齐的进行移栽。

移栽在挖沟之后进行，下雨时注意排水，避免田地积水。培土过早、过多都会形成多湿环境，前半期尽量少培土，天气变冷之后多培土。

1 育苗

（田垄每米用量）

完全腐熟堆肥 3 把
化肥 3 大勺
油粕 3 大勺

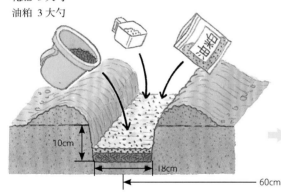

10cm

18cm

60cm

施撒肥料，回填土至 5 ~ 7cm 厚度。

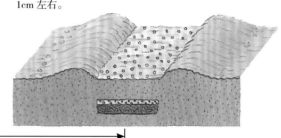

仔细整平沟的底面，以 1cm 间隔整面播种，并覆土 1cm 左右。

（各行每米用量）

化肥 2 大勺

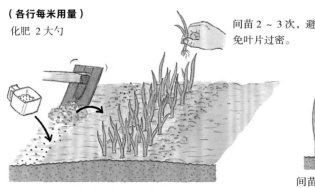

挖沟之后施肥，稍加培土。

间苗 2 ~ 3 次，避免叶片过密。

秋播苗在初春抽薹（小葱），应摘取。

间苗后扩大株距。

最终株距为 2 ~ 3cm。

培育完成的苗建议粗度为直径 1cm 左右。

生长过程中，摘除下方的枯叶。

2 移栽

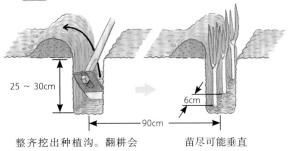

25 ~ 30cm

90cm

6cm

整齐挖出种植沟。翻耕会导致种植沟坍塌，所以不得翻耕。

苗尽可能垂直移栽。

覆土 1 ~ 2cm，稍稍盖住根部。沟中铺设稻草或干草等，以防干燥。

覆土 1 ~ 2cm（切勿太深）

稻草、干草等

3 追肥及培土

第 1 次（追肥·培土）
（种植沟每米用量）
化肥 3 大勺
油粕 5 大勺

第 2 次（追肥·培土）
第 1 次追肥后一个月，肥料用量与第 1 次相同。

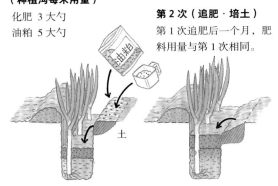

土

在田垄肩部追肥，与土壤稍加混合后推入沟中。

第 3 次（追肥·培土）
第 2 次追肥后一个月，肥料用量与第 2 次相同。

最后一次（培土）
采收之前 30 ~ 40 天

培土时，绿叶底部稍稍埋入。

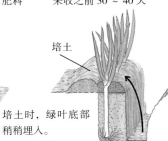

培土

4 病虫害防除

苗床及田地中容易出现各种病虫害，初期发现时应及时喷洒药剂。

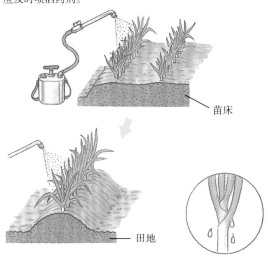

苗床

田地

葱的叶面附有蜡质，不易沾上药剂，所以必须添加展着剂。

5 采收

注意避免弄伤软白部分，用锄头挖开，软白部分露出后用手拔出。

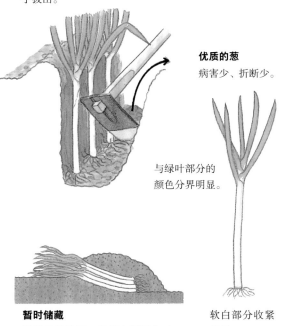

优质的葱
病害少、折断少。

与绿叶部分的颜色分界明显。

软白部分收紧且长。

暂时储藏
根据田地状况，必须全部采收时，可以暂时转移至其他场所，将叶鞘部分埋入土中储藏，之后可分别取用。

叶葱

主要利用绿色叶身部分的葱，相比利用软白叶鞘部分的深根葱，这类就是叶葱。具有代表性的就是京都的"九条葱"。幼嫩时期即可采摘，直至长大后都能随时使用。与深根葱相同，叶片柔软，口感佳。

○品种　细中葱包括耐暑性强的"九条浅黄系""黑千本""堺奴"及耐低温强的"小春"，还有粗壮的冬季品种"九条粗"。

○栽培的关键　改变每处移栽数量、株距、施肥量等，可分别培育出细葱和粗葱。如需培育细葱，应在田地中足量堆肥及施肥，每处栽种 5 ～ 7 株，扩大株距。如需培育粗葱，不需施加基肥，挖深沟移栽，长大之后根据情况重点追肥。细葱少量培土，粗葱软白部分长度应达到 15cm。

叶葱同样适合花盆栽培，剪取使用可多次收获。

栽培日程

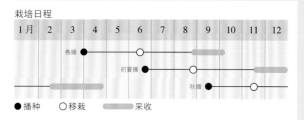

1月	2	3	4	5	6	7	8	9	10	11	12

春播
初夏播
秋播

●播种　○移栽　　　采收

1 育苗

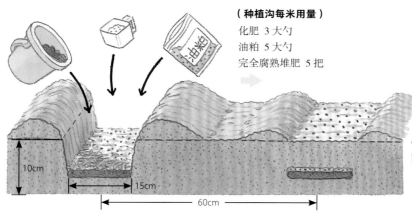

（种植沟每米用量）
化肥 3 大勺
油粕 5 大勺
完全腐熟堆肥 5 把

10cm
15cm
60cm

仔细整平沟的底面，以 1cm 间隔整面播种，覆土 5 ～ 6mm。

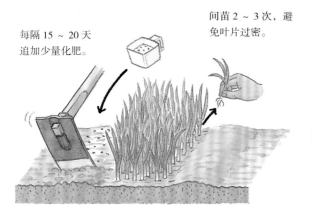

每隔 15 ～ 20 天追加少量化肥。

间苗 2 ～ 3 次，避免叶片过密。

适当间苗，避免叶片靠近。

最终株距为 4 ～ 5cm。

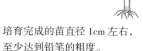

培育完成的苗直径 1cm 左右，至少达到铅笔的粗度。

2 移栽及管理

（培育细葱）

施加基肥
整面施撒肥料，深耕至 15 ～ 20cm。

（每平方米用量）
油粕 5 大勺
化肥 5 大勺

移栽
每处移栽 5 ～ 7 株。

株根周围覆土 2cm 左右。

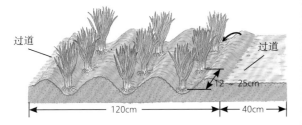

过道

过道

12 ～ 25cm

120cm

40cm

追肥·培土

（各行每米用量）
油粕 5 大勺
化肥 3 大勺

每隔 1 个月（共 3 次）在每行中间施撒肥料，
与土壤稍加混合后培土至株根。

（细葱的花盆栽培）

剪下之后重新长出嫩芽，
可采收 2 ～ 3 次。

过密时逐次间苗，
并追肥。

根据需要采收。

（粗葱培育）
不施加基肥，挖种植沟。

移栽
每处移栽 2 ～ 3 株。

株根周围覆土 2cm 左右。

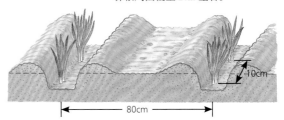

10cm

80cm

追肥·培土
生长旺盛时期。每隔 1 个
月追肥 1 次（共 3 次），在
每行一侧（逐次交替换边）
施撒肥料，并培土。

（各行每米用量）
油粕 5 大勺
化肥 3 大勺

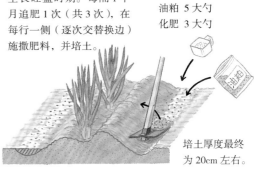

培土厚度最终
为 20cm 左右。

3 采收

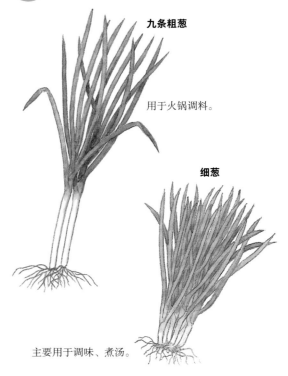

九条粗葱

用于火锅调料。

细葱

主要用于调味、煮汤。

分株之后长出许多细葱，柔软、香味浓郁，主要用于调味及煮汤。无抽薹且不开花，无法采集种子。因此，利用膨大的种球栽培。

○品种　可分为早生种（秋冬季采收）和晚生种（春季采收）。与市场售卖的品种相同。

○栽培的关键　种球在茎叶枯萎之后至 7 ~ 8 月处于休眠期，之后长出芽即可移栽至田地中。

移栽之前，将感染病害的外皮剥干净，选择充实的球果。为了多收优质品，应及早将之前作物清理干净，并整面施加堆肥，仔细翻耕。移栽避免太深，叶顶露出地面即可。

总高度达到 25 ~ 30cm 之后，适量采收。如植株数量较少，可分多次剪取采收。

分葱

栽培日程

1月	2	3	4	5	6	7	8	9	10	11	12

露地栽培（早生种）

（晚上种）

○ 移栽　　　采收

1 准备种球

每年栽培

5 月中下旬之后，株根形成球果，叶片枯萎。挖出之后，放于通风良好环境下储藏。

第一次栽培

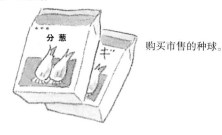

购买市售的种球。

分 葱

2 施加基肥

（每平方米用量）

化肥 5 大勺

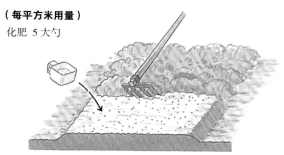

田地整面及早施撒石灰及堆肥，仔细翻耕。接近移栽时期，在苗床附近施肥，仔细翻耕。

移栽之前堆土，制作苗床。

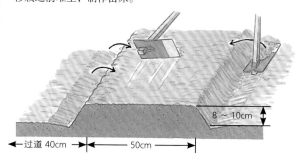

8 ~ 10cm

过道40cm　　　50cm

3 移栽

芽稍稍长出时，最适合移栽。

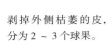

7～8月左右，芽开始长出。

剥掉外侧枯萎的皮，
分为2～3个球果。

（移栽深度须准确）

× 太浅

移栽太浅，则植株
容易倾斜，无法直
立生长。

× 太深
低湿地更需注意。

移栽太深，萌芽延迟，生长
状态差。

○

5～6cm

叶顶稍稍露出地面。

2～3个球果
一并移栽。

用指尖夹住插
入土中。

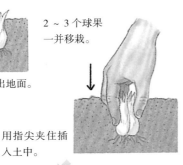

15cm

30cm

4 追肥

第1次
长度达到15cm
左右时，在每行
之间施撒
肥料，并与
土壤稍加
混合。

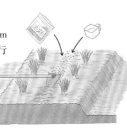

（田垄每米用量）
油粕 2 大勺
化肥 1 大勺

第2次
上一次之后半个月
根据情况
适当追肥。

（田垄每米用量）
化肥 2 大勺

挖浅沟施肥，培土至田垄。

5 采收

如有之后作物需要种植
拔掉植株。

连续采收
距离地面 3～4cm
位置切取，保留剩
余部分。

3～4cm

生长高度达到20cm左右时即可采收利用。

灌溉，同时施
加液肥。

3～4天，新的小叶长出。

长到15cm之后，再次采收。

（最适合盆栽）

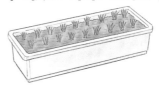

株距 7～8cm，每
处密植 3～4个球
果，从近处开始依
次采收。

逐行交替采收，注意转变朝向，
体形小的分葱尽量吸收更多光照。

韭葱

韭葱即洋蒜苗，明治时代初期引入日本，并得以普及。肉质柔软且气味芬芳，越煮越浓郁，常用于奶汁煮菜等，近年来备受欢迎。

○品种　"American Flag"为早生品种，容易培育。有品种名称的在市场极少见，通常以"韭葱"本名售卖种子。

○栽培的关键　pH7.7 ~ 7.8的土壤最适宜，较日本葱更喜碱性，苗床及田地均需要施撒足量石灰。

育苗及种植方法与葱相似。叶片同大蒜一样扁平，叶身朝两侧固定方向展开。所以，移栽时应注意苗的朝向。

此外，叶片末端分开部分容易进入土壤，培土时应注意。

栽培日程

1月	2	3	4	5	6	7	8	9	10	11	12

春播栽培

秋播栽培

●播种　　○移栽　　采收

1 准备苗床

石灰

比日本原产葱更喜碱性，应及早在预定苗床位置施撒足量石灰。

2 育苗

以1.5 ~ 2cm间隔，在沟整面播种。

切割草

覆薄土后，在土壤上方施撒切割草或谷壳。

15cm

60cm

（种植沟每米用量）
化肥 3大勺

间苗距离2 ~ 3cm，避免过密，之后追肥。

培育完成的苗比铅笔更粗。

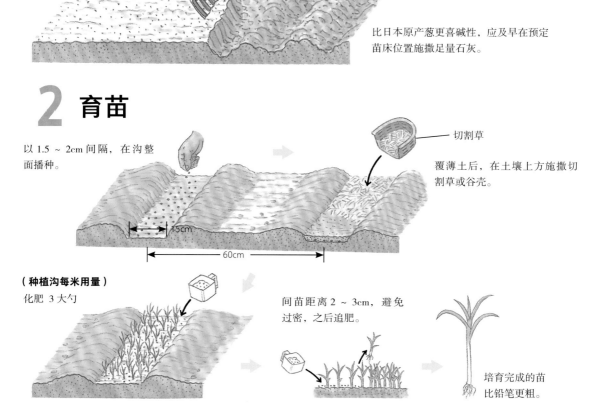

3 移栽

用锄头仔细挖种植沟。将土堆高至一侧。

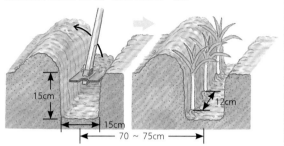

决定方向（使植株靠近侧面垂直,叶片横向展开）之后,
移栽苗。

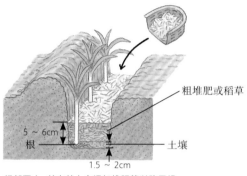

粗堆肥或稻草

根 —— 5 ~ 6cm

—— 土壤

1.5 ~ 2cm

根部覆土,并在其上方添加堆肥等以防干燥。

4 追肥及培土

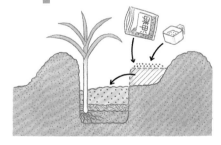

（种植沟
每米用量）

化肥 3 大勺
油粕 5 大勺

第 1 次
春播时,于初秋在一侧施撒肥料（秋播时则在
初春施撒）,与土壤混合之后堆至沟内。

第 2 次
第 1 次的一个月后,施
加同样的肥料,并堆土。

第 3 次（仅培土）

采收前 30 ~ 40 天,将两侧用土堆高至盖过绿叶
根部为止。

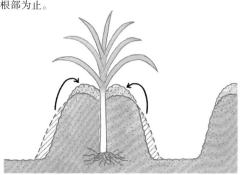

5 摘蕾

冬季低温时期长出花芽,春季之
后抽薹,应及早连同花蕾一起摘
掉,加速生长。

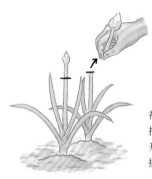

花

初春之后留下
抽薹部分还会
开花,可用于
插花。

6 采收

生长过程中剪取嫩
叶的品种。

软白部分长至 20 ~ 30cm
后,适宜采收。

韭菜

维生素 A 丰富，其他维生素含量也不少，在日式料理及中式料理中广泛使用。

耐寒性强，病虫害少，极易生长。并且，属于多年生草本，每年都可采收，适合家庭菜园栽种。

○**品种** 可大致分为两种，叶片宽大的大叶韭菜和细叶的原生品种韭菜。目前，基本都是种植大叶类品种。代表品种包括 "Green Road" "Wide Green" "宽韭菜" 等。

○**栽培的关键** 为了长时间持续采收，应注意整地，并在基肥中施加足量优质堆肥后植苗。

夏季抽薹，如放任不管会开花，可欣赏到花卉。为了采收许多品质优良的叶片，需要摘叶。

3 ~ 4 年之后根部密集，无法获得品质优良的叶片，须挖出植株，分割后重新培育。

栽培日程

1月	2	3	4	5	6	7	8	9	10	11	12

露地栽培（春播）

大棚栽培

露地栽培（秋播）

●播种　○移栽　⌒搭建大棚　▬采收

1 整地

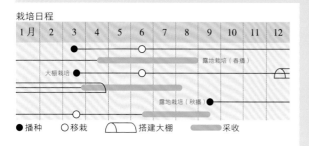

（**每平方米用量**）
堆肥 5 ~ 6 把
石灰 4 大勺

整面施撒堆肥、石灰，仔细翻耕。

2 育苗

（**每平方米用量**）
堆肥 4 ~ 5 把
油粕 5 大勺
化肥 3 大勺

用木板等挖沟，以 1cm 间隔播种，覆土 5mm 左右。

80cm

40cm

15cm

逐行施撒化肥，并与土壤混合。

（**每行用量**）
化肥 1 大勺

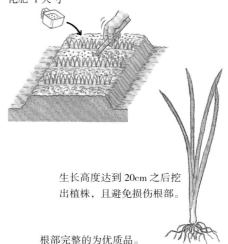

生长高度达到 20cm 之后挖出植株，且避免损伤根部。

根部完整的为优质品。

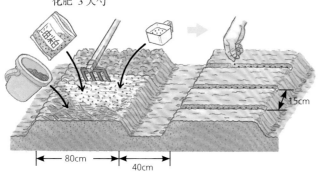

3 施加基肥

（各行每米用量）
化肥 3 大勺
油粕 3 大勺
堆肥 4 ~ 5 把

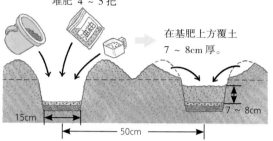

在基肥上方覆土
7 ~ 8cm 厚。

15cm   50cm   7 ~ 8cm

4 移栽

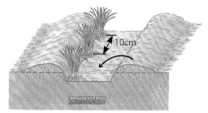

10cm

每株移栽 3 ~ 4 个植株。

5 追肥

每个月左右追肥 1 次，根据
生长状态进行追肥。容易干
燥的田地应铺设稻草，以防
夏季干燥。

（田垄每米用量）
化肥 2 大勺
油粕 3 大勺

6 采收

春 ~ 初夏
生长高度达到 20 ~ 25cm，开始采收。

距离地面 4 ~ 5cm 位置割取。

7 摘叶 ~ 采收

如长势不好，剪掉旧叶片及抽薹，
留下新芽。15 天左右即可采收。

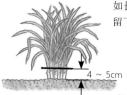

4 ~ 5cm

施撒少量化肥。

割取后立即追肥，促使长
势好的芽发出，可持续采
收 2 ~ 3 年。

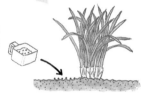

（ 抽薹摘取 ）

7 月下旬 ~ 8 月
夏季抽薹，应及早摘除，
以防植株疲劳。

开花后的状态

8 植株更替

植株大、根部过密时挖出，
2 ~ 3 芽分割一组，按相同
要领在新的位置重新培育。

花韭

韭菜的抽薹茎及其顶端长出的花蕾。可利用容易抽薹的专用品种栽培。

○**品种**　尚未分化，品种较少。

○**栽培的关键**　春季在苗床中播种育苗，初夏将 2 ~ 3 株定植为 1 株。当年的抽薹部分割下丢弃，植株充实健壮之后即可采收。长势逐年放缓，可根据情况更替为新植株。

栽培日程

1月	2	3	4	5	6	7	8	9	10	11	12

第 1 年　● ── ○　　△

第 2 年之后

● 播种　　○ 移栽　　△ 割下丢弃　　▬ 采收

1 育苗

（每平方米用量）

油粕 4 ~ 5 大勺
堆肥 5 ~ 6 把
化肥 3 大勺

条播种子

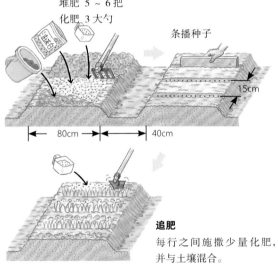

追肥
每行之间施撒少量化肥，并与土壤混合。

2 整地

（种植沟每米用量）

堆肥 4 ~ 5 把　化肥 2 大勺
油粕 5 大勺

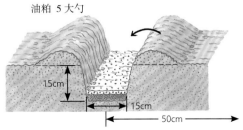

3 移栽及追肥

每株移栽 2 ~ 3 株。

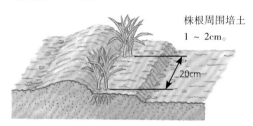

株根周围培土
1 ~ 2cm。

成活后，旺盛生长时和 1 个月之后各追肥一次，种植沟每米施加 2 大勺油粕。

4 采收、更替植株及追肥

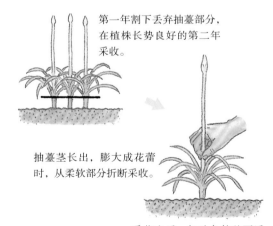

第一年割下丢弃抽薹部分，在植株长势良好的第二年采收。

抽薹茎长出，膨大成花蕾时，从柔软部分折断采收。

采收之后，如叶色较差可适当追肥。

抽薹持续采摘 5 ~ 6 次后，植株生长疲乏，建议培育新植株进行更替。

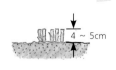

萝卜芽

萝卜的种子发芽之后，长出的白色胚轴和子叶。只需在低温时期注意加热保温，整年均可采收。

○品种　胚轴为白色的"大阪40日"萝卜经常以"萝卜芽"售卖。

○栽培的关键　种子浸于水中，待发芽之后深播于苗床或容器内。在遮光状态下长出白色的长胚轴，之后接受阳光照射使子叶绿化。

栽培日程

1月	2	3	4	5	6	7	8	9	10	11	12

露地栽培

室内栽培　可整年采收。但是，11～次年2月需要加热保温（15～20℃）。

● 播种　　　　采收

1 种子的筛选及发芽

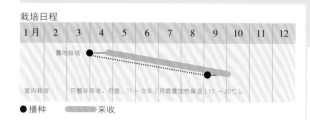

在水中浸泡一昼夜，浮起的干瘪种子挑出来扔掉。

塑料膜

重叠盖上2～3层湿布。

将种子均匀摊在布上，使其发芽。

发出一点芽。

2 播种

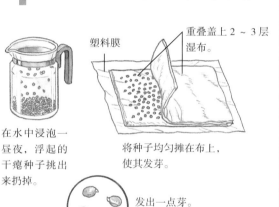

浅泡沫盒

将种子整面均匀摊开。

铺撒河沙。

足量灌溉。

覆土（河沙）厚5～6cm

10～12cm

3cm

1cm

田土　排水口　河沙

3 遮光

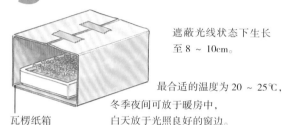

遮蔽光线状态下生长至8～10cm。

最合适的温度为20～25℃，冬季夜间可放于暖房中，白天放于光照良好的窗边。

瓦楞纸箱

4 培土及光照

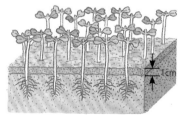

不得立即照射强光，逐渐适量照射。

1cm

生长高度达到3～4cm时，在各行之间加入1cm厚的河沙，避免倒伏，使其健康生长。

生长至8～10cm时，接受光照，使双叶出现绿色。

5 采收

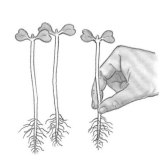

生长高度达到10～12cm时，即可拔取采收。

芦笋

古希腊时期开始栽培的古老蔬菜。属于多年生草本，从年前长出的根株萌芽而成的嫩茎可食用。作为深根性植物，适宜在排水良好的深耕土田地培育。栽种之后，可采收 7 ~ 10 年。

○品种 "Merry Washington" "加州 500"等为美国培育的代表品种。近年来，选择生长强劲、茎部粗壮的多收品种培育成 1 代杂交优良品种，例如 "Welcom" "Shower" "Axell" "Green Tower"。

○栽培的关键 在基肥或冬季茎叶枯萎期间施加的追肥中，加入许多粗颗粒的堆肥，使根部伸展。

移栽后第二年长出的芽不采收，使植株积蓄能量。茎部细长，叶片反而更加茂盛，容易被风吹倒。所以，应及早搭架并绑上塑料绳，防止倒伏。

栽培日程

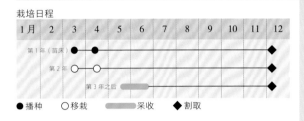

	1月	2	3	4	5	6	7	8	9	10	11	12

第 1 年（苗床）

第 2 年

第 3 年之后

● 播种　○ 移栽　▬ 采收　◆ 割取

1 育苗

播种之前，将种子放入温水（相当于洗浴温度）中浸泡一昼夜。

植株数量少时

依次间苗，避免过密。

到了冬季，茎叶枯萎之后，切掉地上部分。

在育苗箱内条播。

真叶长出 3 ~ 4 片时，换成 4 号育苗盆。

植株数量多时

间隔 7 ~ 8cm，每处播种 2 ~ 3 颗种子。

发芽

覆土

7 ~ 8cm

5 ~ 6cm

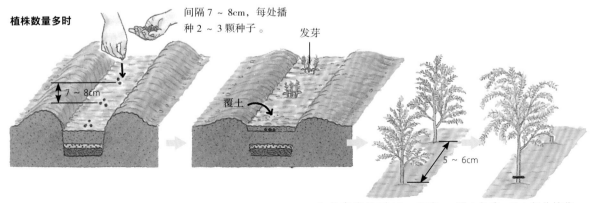

生长高度达到 10cm 左右时，间苗后保留 1 株。

进入冬季，地上部分枯萎，贴着地面切掉枯萎部分。

2 施加基肥

（种植沟每米用量）
油粕 7 ~ 8 大勺
堆肥 7 ~ 8 把

回填土厚 10cm 左右。

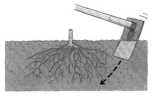

30 ~ 40cm
40cm
120cm

3 挖出苗及移栽

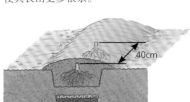

第二年春季，挖出植株后移栽，使其长出更多根系。

在育苗箱中培育时，从各育苗盆中取出根株。

40cm

移栽植株，覆土 5 ~ 6cm 厚。

4 春季及夏季管理

搭架
在两侧搭架，并绑上塑料绳，避免倒伏。

追肥及培土
5 月之后，每月在田垄侧边追肥 1 次（共计 3 ~ 4 次），并培土。

（每株用量）
油粕 3 大勺

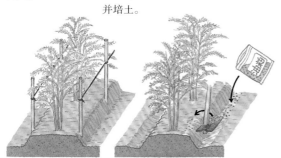

5 冬季管理

追肥（每株）
堆肥 半桶
油粕 1 把

冬季切下茎叶。

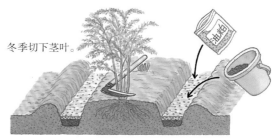

6 采收

常规方法
移栽之后两年，贴着地面割取长出的芽。强壮的芽长出期间中止采收，留下剩余的芽继续生长，帮助植株积蓄来年的养分。

长期采收方法
如果少量采收，使茎部尽快立起，则之后连续出芽很长时间，可依次少量、长期地采收。

7 采收后的管理

容易被风吹倒，应搭架并绑上塑料绳，防止倒伏。

茎部伸长之后，每株保留 10 ~ 12 根，将之后长出的弱小嫩茎处理掉。夏季至冬季，同样继续步骤 4 ~ 6 的管理和采收。经过 7 ~ 8 年之后，植株出现疲乏，应重新种植培育。

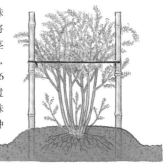

豆芽

在暗处使作物的种子发芽，食用其胚乳及胚轴部分。培育周期短，仅需数日，且整年都可培育，最适合厨房栽培。

〇品种　可使用黑豆、绿豆、红豆、大豆、豇豆等豆类，以及紫花苜蓿、萝卜、回回苏、芥菜、向日葵、荞麦等。

〇栽培的关键　筛选种子，筛选容器，注意种子和水的比例，仔细水洗、漂洗及遮光。

并且，为了使种子在较短天数内全部发芽，需要 25 ~ 30℃ 的温度条件，所以温度不足时需要加热。即便温度不足，稍加时日也会发芽。但是，这种情况下发的芽通常参差不齐、品质较差。

色泽差、有异味，通常是栽培过程中氧气不足等原因造成。为了防止这种情况发生，应将种子吸水之后沥干。并且，为了避免种子污浊，用水清洗或漂洗种子也很关键。

栽培日程

1月	2	3	4	5	6	7	8	9	10	11	12
				可整年栽培播种・采收							

● 播种　　采收

（种子类豆芽）
1 筛选种子

将杂质、虫害蚕食的种子、残缺种子、出现病害的种子清除掉。

清除浮在水面上的坏种子。

2 水洗及浸泡

用大水量仔细清洗。

浸泡吸水

用种子体积 10 倍的水，将种子浸泡一晚。

3 漂洗

用纱布覆盖。

倒出水，用流水漂洗种子。

4 沥干及静置

将瓶子倾斜静置，沥干水分。

暗黑环境
在厨房的水槽、瓦楞纸箱中，创造避免光照的环境。

托盘最合适。

5 水漂洗

每天仔细水洗 2 次。

充分沥干。

如数量较多，在瓶子中无法充分清洗，可利用更大的容器。

浸泡在水中的种子

纱布、湿纸巾等

竹筛子、塑料筛子等

开孔的保鲜膜

盘子　　　漂白布

6 采收

胚轴长至 5cm 以上即可采收。

趁新鲜及时食用。

（紫花苜蓿豆芽）

1 筛选种子

清除浮在水面上的种子。

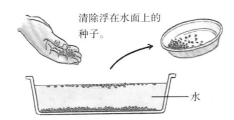

水

2 水洗及浸泡

水洗 2 ~ 3 次。

用种子体积 10 倍的水，将种子浸泡一晚（10 ~ 12 小时），充分吸水。中途也可换水 1 ~ 2 次。

（浸泡及漂洗根据豆类的方法）

3 静置

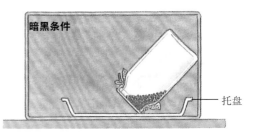

暗黑条件

托盘

4 催绿

避免阳光直射。

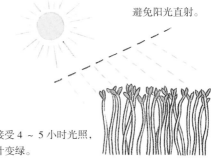

采收前接受 4 ~ 5 小时光照，促使子叶变绿。

5 采收

胚轴长至 4cm 以上即可采收。

趁新鲜及时食用。

175

萝卜

用途广泛的食材，市场消费量最多的蔬菜之一。耐寒，不耐暑。对土壤的适应性强，在十分贫瘠的土地中也能栽培，是一种容易培育的蔬菜。

○品种 原生品种较多，也有许多改良品种。日本近年来广泛种植青头萝卜，类似品种较多。此外，还有秋天播种春季采收的"袋""天风"，夏季采收的"阿信""YR青山"等。地方品种同样丰富多样，搭配种植也很有趣。

○栽培的关键 间苗时，基本上保留子叶整齐生长的苗。

萝卜容易感染的"叶斑病"的病原通过蚜虫传播，高温时期特别需要注意病虫害防除。初期铺设防虫网，效果极佳。此外，发现蚜虫时，应及时喷洒药剂。

栽培日程

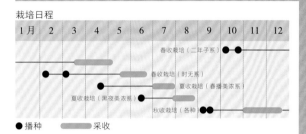

1月	2	3	4	5	6	7	8	9	10	11	12

春收栽培（二年子系）
春收栽培（时无系）
夏收栽培（春播美浓系）
夏收栽培（黑夜美浓系）
秋收栽培（各种）

● 播种　　采收

1 耕地

之前作物清理干净之后，施撒石灰并翻耕。

（每平米用量）
完全腐熟堆肥 5 ~ 6 把
化肥 2 大勺
油粕 4 大勺

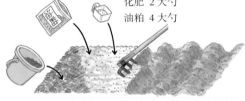

至少在播种半个月前施加优质的完全腐熟堆肥和肥料，深耕至 30 ~ 35cm。

× 不得施加未腐熟堆肥，否则会导致歧根。

将石子、木片等清除干净，以免影响根部生长。

2 播种

每处播种 4 ~ 5 颗种子，覆土 1 ~ 1.5cm 深。

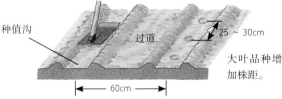

种植沟
过道
25 ~ 30cm
大叶品种增加株距。
60cm

挖出锄头宽、3cm 左右深的种植沟。

直径 5 ~ 6cm

用汽水罐等按压地面，在地面上留下的圆形部分播种，避免种子偏移中心。

3 间苗及培土

发芽整齐　　　　　　第 1 次

真叶长出 1 片时保留 3 株。间苗之后，用手指在株根周围稍稍培土。

间苗时，保留子叶形态较好的。

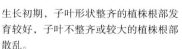

生长初期，子叶形状整齐的植株根部发育较好，子叶不整齐或较大的植株根部散乱。

第 2 次　　　　　第 3 次（最终间苗）
真叶长出 6 ~ 7 片时，保留 1 株。

真叶长出 3 ~ 4 片时，间苗保留 2 株。在株根周围稍稍培土，使植株保持挺立。

4 追肥

第 1 次

（每株用量）
化肥 1 小勺
油粕 1 小勺

第 2 次间苗后，在植株周围施撒肥料，并与土壤稍加混合。

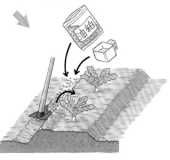

第 2 次
（每株用量）
化肥 1 大勺
油粕 2 大勺

第 3 次间苗后，在田垄一侧施撒，用锄头将肥料与土壤稍加混合。

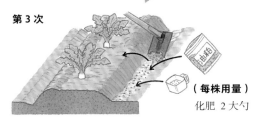

第 3 次

（每株用量）
化肥 2 大勺

第 2 次追肥后半个月，在另一侧施撒肥料，并制作田垄。

5 病虫害防除

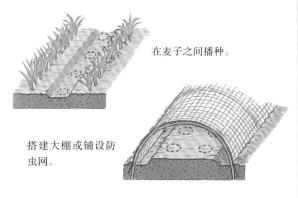

在麦子之间播种。

搭建大棚或铺设防虫网。

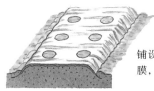

铺设银色、黑白色重合的反射膜，并开孔播种。

传播病毒的蚜虫是大敌。发现之后，应及早喷洒药剂。

叶片背面也要喷洒。

6 采收

朝上方挺立的叶片展开，外叶垂下，此时即可采收。如采收延迟，萝卜会出现空心化。

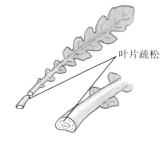

叶片疏松

根部疏松

距离叶柄根部 2 ~ 3cm 处切开。如呈疏松状，则根部也出现空心。

（外来品种）

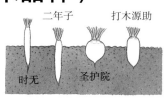

二年子　　打木源助

时无　　　圣护院

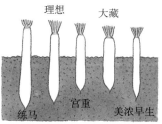

理想　　大藏

练马　　宫重　　美浓早生

芜菁

○**品种** 芜菁的品种繁多，大致分为欧洲品种和亚洲品种。前者主要分布于东日本，后者主要分布于西日本。

形状大小各异，颜色分为白色、红色、紫红色。部分品种独具特色，可根据喜好选择培育。通常较多培育的品种包括关东地区的"金町小芜菁""丰四季""耐病光"，关西地区的"圣护院""圣护院大圆芜菁""本红赤丸芜菁""河内红芜菁""津田芜菁""伊予绯芜菁""长崎红芜菁"等。

○**栽培的关键** 通常适宜冷凉气候，大多禁不住夏季暑热，但耐寒性极强，且红色品种比白色品种更加耐寒。可根据品种改变播种时期、间苗的间隔等。

选择环境稍潮湿的田地，施加优质的堆肥，注意追肥，避免缺肥，这是获得优质品的诀窍。

栽培日程

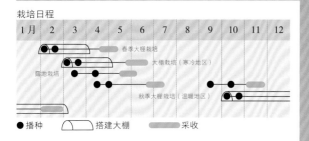

| 1月 | 2 | 3 | 4 | 5 | 6 | 7 | 8 | 9 | 10 | 11 | 12 |

春季大棚栽培
大棚栽培（寒冷地区）
露地栽培
秋季大棚栽培（温暖地区）

● 播种　　搭建大棚　　采收

1 整地

石灰

（每平方米用量）
化肥 5 大勺
油粕 8 大勺

田地应及早施撒石灰，深耕至 20cm 左右。

播种前几天在田地整面施撒肥料，并再次深耕至 15cm 左右。

2 挖种植沟

在沟内足量灌溉（不得溢出）之后，将底面处理平整。

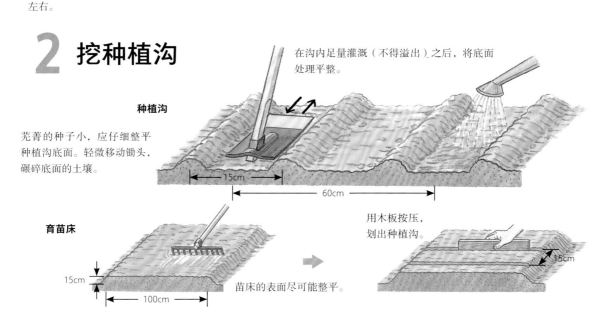

种植沟

芜菁的种子小，应仔细整平种植沟底面。轻微移动锄头，碾碎底面的土壤。

15cm

60cm

育苗床

15cm

100cm

苗床的表面尽可能整平。

用木板按压，划出种植沟。

15cm

3 播种

种植沟

以 1.5 ~ 2cm 间隔，在种植沟整面播种。覆土厚度为 1cm 左右。

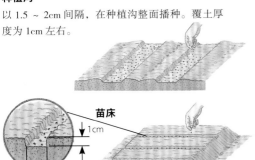

苗床

1cm

2cm

4 大棚保温

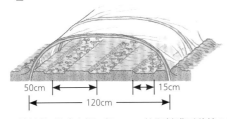

50cm　15cm

120cm

2 月播种，搭建大棚。宽 180cm 的塑料膜可种植 3 行。

发芽后一段时间内可保持密封，但真叶长出 1 ~ 2 片时，白天应掀开大棚边缘，或者在大棚顶部开孔，以确保内部换气。

5 间苗

整齐发芽的状态 ➡ 真叶长出 1 片时，第 1 次间苗。

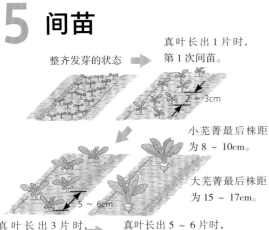

2 ~ 3cm

小芜菁最后株距为 8 ~ 10cm。

大芜菁最后株距为 15 ~ 17cm。

5 ~ 6cm

真叶长出 3 片时，第 2 次间苗。 ➡ 真叶长出 5 ~ 6 片时，最后一次间苗。

6 追肥

种植沟

（田垄每米用量）

化肥 5 大勺

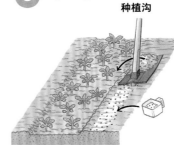

第 2 次及第 3 次间苗后，在田垄一侧施撒肥料，并用锄头与土壤混合，一同培土至株根周围。

苗床

（每平方米用量）

化肥 5 大勺

第 2 次间苗之后，在田垄之间追肥，与土壤稍加混合。

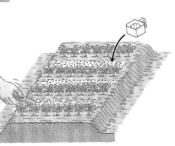

7 虫害防除

尚未成熟时，容易受到小菜蛾、夜盗虫、蚜虫等害虫蚕食。

喷洒杀虫剂。

叶片背面也要喷洒。

防虫网直接盖在菜叶上。

8 采收

根部粗壮，间苗、采收之后都可食用。幼嫩时期，叶片也很美味。

小芜菁

小芜菁有许多独具地方特色的品种,根部大小、颜色等各不相同,可根据用途及喜好选择培育。小芜菁在早春播种,且在日本全境都能培育。

○品种 历史悠久的"金町小芜菁",还有容易培育、大小一致的改良品种"高岭""丰四季""耐病光"。

○栽培的关键 适宜在干湿均衡的肥沃土壤中栽培,为了获得优质品,应事先将优质的有机质耗材(完全腐熟堆肥或泥炭藓、椰壳纤维等)翻耕入田地整面。

如果采用大棚栽培,可提前播种,4月下旬即可采收。播种后20天左右,除了期间浇水1~2次,其余时间大棚可以保持密闭状态。极少出现虫害,容易管理。

最适宜秋季播种培育。生长快,遇到降霜的小芜菁具有独特口感。

栽培日程

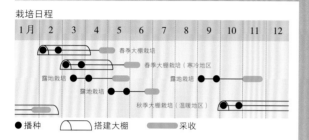

1月	2	3	4	5	6	7	8	9	10	11	12

春季大棚栽培
春季大棚栽培(寒冷地区)
露地栽培
露地栽培
露地栽培
秋季大棚栽培(温暖地区)

● 播种 　 搭建大棚 　 采收

1 整地

冬季在田地整面施撒石灰、完全腐熟堆肥,深耕至20cm左右。

石灰　完全腐熟堆肥

将翻耕过的土堆成小山,即将播种之前遇到冷空气就会自然风化。

2 施加基肥及挖种植沟

(种植沟每米用量)
化肥 3 大勺
油粕 5 大勺

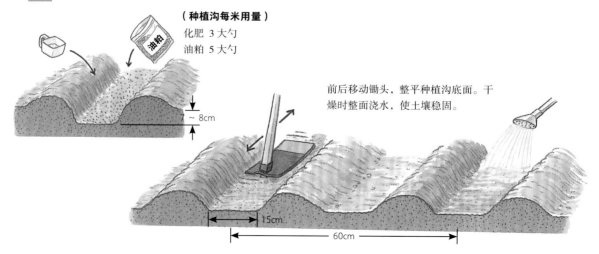

前后移动锄头,整平种植沟底面。干燥时整面浇水,使土壤稳固。

7 ~ 8cm

15cm

60cm

3 播种

播种密度：每隔 1.5 ~ 2cm 播种 1 颗种子。

种子细小，从高处用指尖均匀播撒。

播种之后，仔细覆土 5 ~ 6mm 厚，用锄头背面轻轻按压。

4 间苗

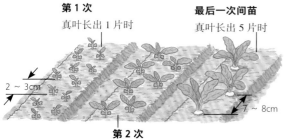

第 1 次
真叶长出 1 片时

最后一次间苗
真叶长出 5 片时

2 ~ 3cm

7 ~ 8cm

第 2 次
真叶长出 3 片时
（叶片不重合程度）

5 追肥

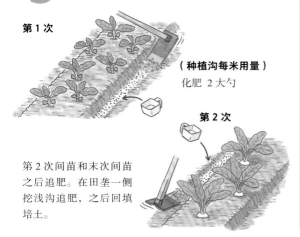

第 1 次

（种植沟每米用量）
化肥 2 大勺

第 2 次

第 2 次间苗和末次间苗之后追肥。在田垄一侧挖浅沟追肥，之后回填培土。

6 采收

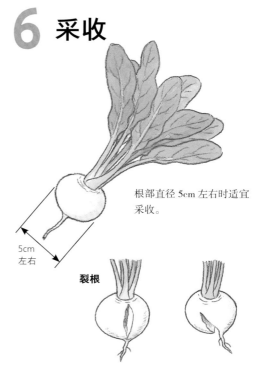

根部直径 5cm 左右时适宜采收。

5cm
左右

裂根

土壤过于干燥时，特别是低温时期至温暖时期之间容易出现。采收延迟，也可能导致这种情况发生。

（2 月播种后初春采收的大棚栽培）

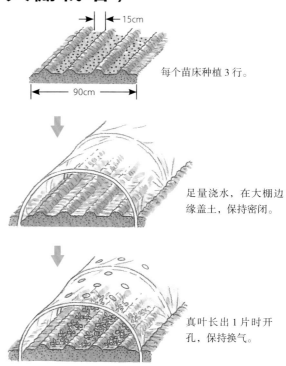

15cm

每个苗床种植 3 行。

90cm

足量浇水，在大棚边缘盖土，保持密闭。

真叶长出 1 片时开孔，保持换气。

迷你萝卜

生长快，短期内即可采收的欧洲种萝卜，又称"二十日小萝卜"。形状、色彩丰富，最适合拌沙拉。狭窄的田地、庭院前、花盆等都能轻松培育，最适合初学者。

○**品种** 推荐培育"Red Chime""Comet""樱桃"等红圆形萝卜。此外，还有"White Cherish"等白圆形，"Icicle""雪小町"等白长形，"Long Scarlet"等红长形，"红白""French Break Fast"等红白纺锤形，以及 5 色混合的品种。总之，选择品种的过程也很有趣。

○**栽培的关键** 与萝卜一样，适宜凉爽的气候。根部为小型，生长天数少，且适宜种植周期较长。

但是，如果夏季高温时期迎来膨大期，根茎会变得杂乱。应观察叶色，及时逐次少量追肥，同时注意日常间苗。此外，铺设防虫网对防除小菜蛾、菜青虫等极为有效。

栽培日程

1月	2	3	4	5	6	7	8	9	10	11	12

春季采收
初夏采收
秋季采收
冬季采收

● 播种　　搭建大棚　　采收

1 整地

田地整面施撒基肥，深耕至 20cm 左右。

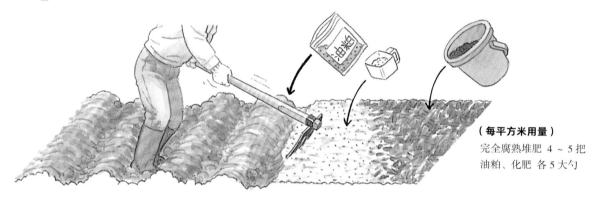

（每平方米用量）
完全腐熟堆肥 4 ~ 5 把
油粕、化肥 各 5 大勺

2 播种

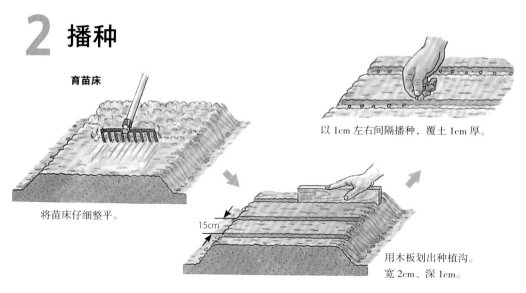

育苗床

将苗床仔细整平。

以 1cm 左右间隔播种，覆土 1cm 厚。

15cm

用木板划出种植沟。
宽 2cm、深 1cm。

种植沟

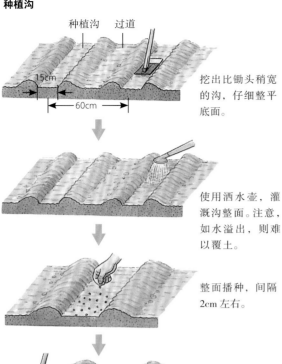

挖出比锄头稍宽的沟，仔细整平底面。

15cm
60cm

种植沟　过道

使用洒水壶，灌溉沟整面。注意，如水溢出，则难以覆土。

整面播种，间隔2cm左右。

覆土1cm厚。之后，用锄头背面按压。

3 间苗

第1次
全部发芽之后，过密部分间苗。

第2次
真叶长出1片时。

3～4cm

第3次
真叶长出3片时。

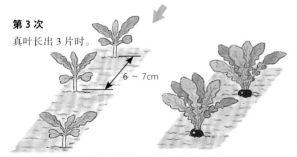

6～7cm

株距足够长，根部才能充分膨大。

4 追肥

苗床
（每平方米用量）
化肥　3大勺

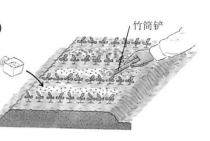

竹筒铲

在各行施撒肥料之后，用竹筒铲与土壤混合。

种植沟
（种植沟每米用量）
化肥　3大勺

在种植沟两侧施撒，并用锄头将肥料与土壤混合。

5 采收及使用

白色细长形

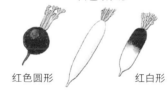

红色圆形　　红白形

刚采摘的洗干净后直接生吃。

西式泡菜
在醋和水（3：1）的调制液中加入少量盐、砂糖、胡椒粒、香叶之后煮至沸腾，再放入喜欢的蔬菜浸泡。

蘸酱最好吃
搭配蛋黄酱、番茄酱等蘸着吃，加点荷兰芹的碎末口感更丰富。

（异常根的原因）

正常　　　　株距过窄

采收太迟或土壤水分骤变

圆形容易培育，但管理不善也会产生裂根。

高温时期播种

183

辣根

○**品种**　根据叶形、根部颜色及形状不同，可分为几个系统，品种尚未分化。但是，也可分为红芽种和青芽种，红芽种的叶柄底部稍显红色，且采收量多，辛辣成分较少。培育时，通常从市场直接购买作为种根。

○**栽培的关键**　在寒冷地区的种植基地（北海道、长野县等），前一年秋季将粗 1cm、长 15cm 左右的种根埋入土中，第二年春季移栽至田地即可。如果是普通家庭菜园，春季从市场直接购买，并作为种根移栽至田地。在温暖地区培育时，应铺设地膜。

生长过程中，根部附近会有根出叶，并在植株周围分散开，应适当间苗，以防生长过密。

生长旺盛，不需要细致管理。但是，容易感染虫害，害虫较多时喷洒杀虫剂进行防除。

栽培日程

1月	2	3	4	5	6	7	8	9	10	11	12

第 1 年
第 2 年
第 3 年

○移栽　　　采收

1 整地

事先施撒石灰和化肥。　**（种植沟每米用量）**
堆肥 4 ~ 5 把
油粕 5 大勺

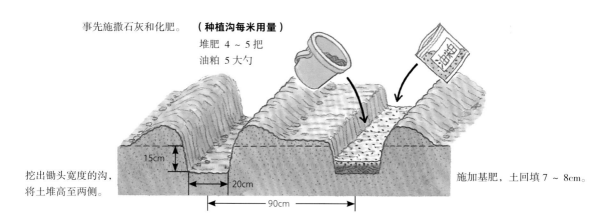

挖出锄头宽度的沟，将土堆高至两侧。

15cm
20cm
90cm

施加基肥，土回填 7 ~ 8cm。

2 准备种根

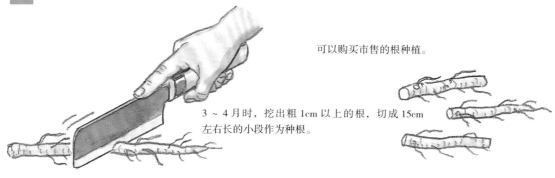

可以购买市售的根种植。

3 ~ 4 月时，挖出粗 1cm 以上的根，切成 15cm 左右长的小段作为种根。

3 移栽

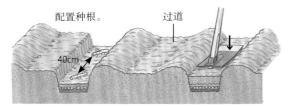

配置种根。　过道

40cm

在种根上覆土 7 ~ 8cm，用锄头轻轻按压。

4 间苗

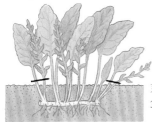

芽会长出许多，留下
3 ~ 4 个，其余摘除。

叶形的变化
早期长出的叶
片带有羽毛状
的裂口。

长大之后的叶
片呈现褶皱。

5 追肥及铺设稻草

第 1 次
夏末时节。

（每株用量）
化肥 1 大勺

稻草

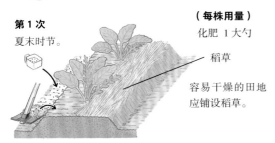

容易干燥的田地
应铺设稻草。

追肥时在田垄一侧施撒肥料，与土壤稍加
混合之后培土。

第 2 次
春季开始繁茂生长，在第 1 次的相反侧施肥。

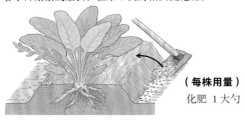

（每株用量）
化肥 1 大勺

6 害虫防除

蚕食痕迹严重时，喷洒
杀虫剂。生命力顽强，
喷洒杀虫剂不至于大量
减收。

容易被夜盗虫、小菜
蛾、菜青虫等蚕食。

7 采收

生长过程中依次挖出部分根部食用。

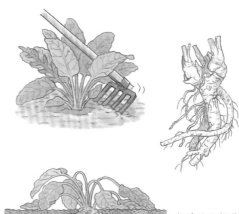

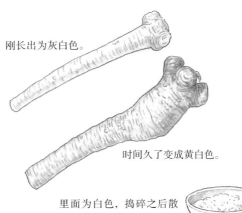

冬季地上部分枯萎
时，根部变得更粗。
此时挖出，可采收
更多。

刚长出为灰白色。

时间久了变成黄白色。

里面为白色，捣碎之后散
发出浓郁的芥末香味。

185

甜菜

与芜菁一样膨大的根部，切片之后呈现出鲜红色的环纹。带有独特的土腥味，只要事先处理干净，烹饪用途还是非常广泛的。

○品种　食用叶片的菜用甜菜和作为砂糖原料的糖用甜菜为同种，但用途完全不同，准备种子时应分辨清楚。此外，还可分为早生、晚生和色彩不同的几个品种。培育时，最好选择根部深红、品质优良的"红甜菜"。

○栽培的关键　适宜在冷凉气候下生长，夏季暑热条件下长势差，冬季寒冷条件下有损品质，主要在春季及秋季栽培。不耐酸，应在田地中施撒石灰，充分翻耕之后播种。

甜菜属藜科，一颗种子能够发出好几个芽，可保留一个芽，其余清理干净。品质好坏并不取决于个头大小，直径 7 ~ 8cm 且根部表面带有少量凹凸的圆形甜菜品质最佳。

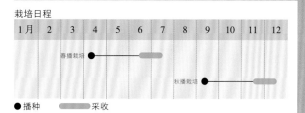

栽培日程

1月	2	3	4	5	6	7	8	9	10	11	12

春播栽培
秋播栽培

●播种　　采收

1 施加基肥

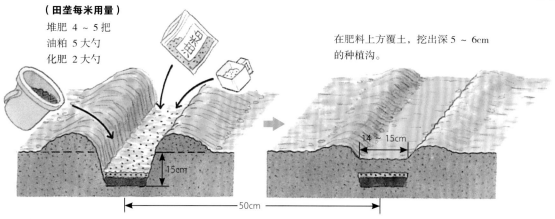

（田垄每米用量）
堆肥 4 ~ 5 把
油粕 5 大勺
化肥 2 大勺

在事先施撒石灰并翻耕的田地内挖沟、施肥。

在肥料上方覆土，挖出深 5 ~ 6cm 的种植沟。

15cm

14 ~ 15cm

50cm

2 播种的准备

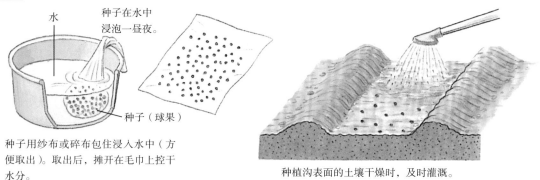

水

种子在水中浸泡一昼夜。

种子（球果）

种子用纱布或碎布包住浸入水中（方便取出）。取出后，摊开在毛巾上控干水分。

种植沟表面的土壤干燥时，及时灌溉。

3 播种

以 4 ~ 5cm 间隔播种。

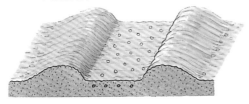

覆土 2 ~ 3mm 之后，用锄头背面轻轻按压。

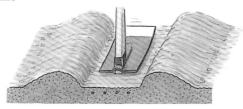

用捣碎的完全腐熟堆肥或切成 3 ~ 4cm 长的稻草覆盖种植沟整面，防止干燥。

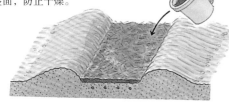

4 间苗

第 1 次

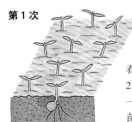

看似一颗种子，实际可长出 2 ~ 5 个芽，间苗之后保留一个芽。过密的位置整株间苗，使株距保持均匀。

第 2 次

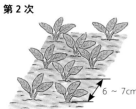

6 ~ 7cm

生长高度达到 5 ~ 6cm 时。

第 3 次（最后一次）

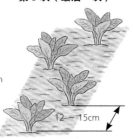

12 ~ 15cm

生长高度达到 14 ~ 15cm 时。

5 追肥及培土

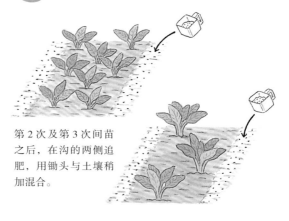

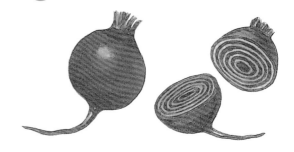

第 2 次及第 3 次间苗之后，在沟的两侧追肥，用锄头与土壤稍加混合。

6 采收及使用

生果采收后切片，直接制作沙拉。

带着皮放入盐水中（一小撮盐），用文火煮 40 ~ 50 分钟后，直接晾凉。

拌上蛋黄酱。

手剥皮。

煮汤或做黄油煮。

沙拉或醋泡。

187

胡萝卜

富含胡萝卜素，维生素 A 含量也很丰富，黄绿蔬菜的代表品种。适宜在冷凉气候下栽培，但对气温适应性强，特别是根部不易受到气温影响，只要土壤盖过肩部就能轻易越冬。

○品种　依据根部长度，大致可分为三寸系、五寸系、长根系。最近常用的是五寸系，种植容易且收获量大。代表品种包括"向阳二号""Beta Rich""黑田五寸"，还有关西的"金时"。小型品种包括"Baby Carrot""Piccolo"等。

○栽培的关键　注意根结线虫等危害。而且，之前作物出现过虫害的田地不得种植胡萝卜。

种子轻，难以同时发芽，应仔细挖种植沟，覆薄土后播种并轻轻按压。特别是夏季播种时，应在降雨后或在种植沟整面灌溉之后播种。此外，还有加工成球状的"涂层种子"，可以大幅减少发芽失败。

如果间苗迟、株距过密，会导致根部膨大延迟，形状参差不齐。

栽培日程

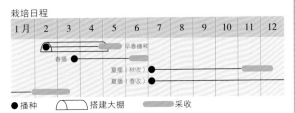

1月	2	3	4	5	6	7	8	9	10	11	12

春播

早春播种

夏播（秋收）

夏播（春收）

● 播种　　搭建大棚　　采收

小胡萝卜可在花盆内栽培。

1 整地

及早深耕至 15 ~ 20cm。碎石、木屑等应清理干净。

（每平方米用量）
完全腐熟堆肥 4 ~ 5 把
石灰 3 大勺

（田垄每米用量）
化肥 2 大勺
油粕 3 大勺

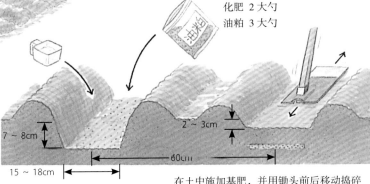

7 ~ 8cm

2 ~ 3cm

15 ~ 18cm

60cm

在土中施加基肥，并用锄头前后移动捣碎土块，将底面整平。

2 播种

以 1.5 ~ 2cm 间隔，在种植沟整面播种。

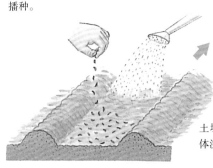

土壤干燥时，对种植沟整体浇水，使土壤充分湿润。

覆土 4 ~ 5mm 厚，用锄头背面轻轻按压。

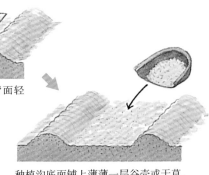

种植沟底面铺上薄薄一层谷壳或干草，防止干燥及雨淋。

3 搭建大棚（早春播种）

播种 3 行，搭建宽 180cm 的塑料大棚。发芽之后一段时期内，保持密闭状态。

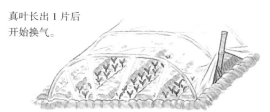

真叶长出 1 片后开始换气。

掀开边缘换气。用竹竿撑起，避免掀开的塑料膜落下。

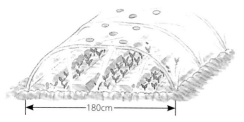

间隔 15cm 左右分别开直径约 5cm 的孔，且最好在顶部开孔（第二年使用时，只需从内部用带状膜封住开孔部位即可）。

4 间苗及除草

第 1 次
生长高度达到 4 ~ 5cm 时。

第 2 次
根部直径达到 5 ~ 7mm 时。

初期生长缓慢，容易滋生杂草。生长过程中，注意拔草。

5 追肥及培土

（田垄每米用量）
油粕 2 大勺
化肥 2 大勺

第 1 次
第 2 次间苗结束时。

第 2 次
第 1 次追肥后 20 ~ 25 天。在胡萝卜肩部上方培土约 1cm 厚。

（品质受损的原因）

歧根
碰到障碍物时。

畸形
根结线虫侵害。

裂根
太干燥、太潮湿、采收迟。

6 采收

五寸胡萝卜采摘标准为 12 ~ 13cm，三寸胡萝卜为 8 ~ 9cm。可以不依据此标准，根据需要采收使用。

（小型品种适合花盆种植）

在长方形花盆内栽种两行小型胡萝卜，品尝新鲜采摘的美味。

根茎膨大至 1cm 左右即可采收。插入水中浸泡，片刻就能品尝新鲜采摘的美味。

牛蒡

富含纤维质，有利于肠胃清理及有益菌繁殖。近年来，中国及西欧对其功效有所关注，并加以利用。而且，只需变换品种及采收时期，就能长时间利用。

○品种　长根种较为常见，包括"柳川理想""泷野川"等。短根种包括"大浦""萩"。短根早生品种"沙拉女儿"，长根种"Diet"等均为最近的改良品种，适合制作沙拉。

○栽培的重点　适宜深耕土、排水良好的环境，所以选田及深耕是培育的关键。

种子不易发芽且喜光，应事先浸水处理，注意播种后覆土不得太厚。

初期生长缓慢，及时除草及施肥，促进生长。管理较为轻松，但需要注意防除蚜虫。观察根部的膨大状态，家庭菜园在幼嫩时期即可开始挖出，也可在根部膨大越冬之后依次挖出，可长时间利用。

栽培日程

1月	2	3	4	5	6	7	8	9	10	11	12

春播栽培

秋播栽培

● 播种　　采收

1 深耕田地

为了培育出根部整齐、容易挖出的牛蒡，深耕最为关键。

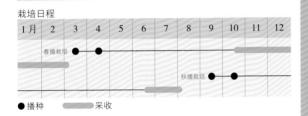

①

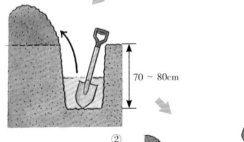

70 ~ 80cm

②

③

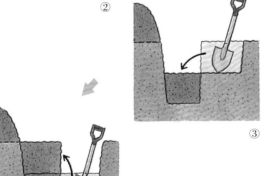

④

重复步骤③及④后，进入下一阶段。

2 播种之前准备

（每平方米用量）

石灰　3 ~ 5 大勺
过磷酸钙 3 大勺

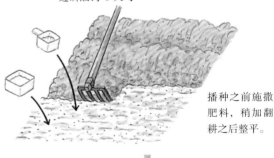

播种之前施撒肥料，稍加翻耕之后整平。

挖出深 7 ~ 8cm 的种植沟。

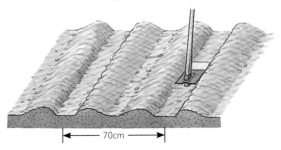

70cm

3 播种

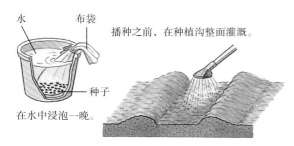

水　　布袋

在水中浸泡一晚。

播种之前，在种植沟整面灌溉。

种子

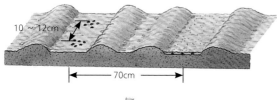

每处播种 6 ~ 7 颗种子。

种子喜光，覆土不宜太厚，盖过种子即可。

10 ~ 12cm

70cm

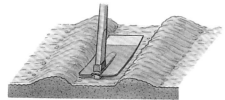

覆土之后，用锄头背面用力按压，避免种子被雨水冲走。

4 间苗

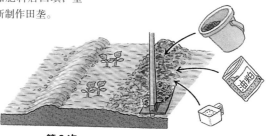

第 1 次
真叶长出 1 片时，间苗后保留 2 株。

第 2 次
真叶长出 3 片时，间苗后保留 1 株。

间苗时区分优质植株的方法

叶片朝向上方细直生长。

叶片散开、生长缓慢，或长势太好。

正常

根部笔直生长。

不正常

根部出现歧根或异形，根部未变粗。

5 追肥

第 1 次
第 1 次间苗结束后，捣碎田垄肩部，施加肥料后回填，重新制作田垄。

（田垄每米用量）
完全腐熟堆肥 5 ~ 6 把
油粕 3 大勺
化肥 2 大勺

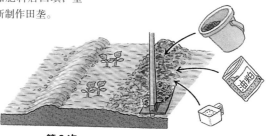

第 2 次
第 2 次间苗后。

（田垄每米用量）
化肥 3 大勺
油粕 3 大勺

第 3 次
真叶长出 5 片时，施肥量与第 2 次相同。

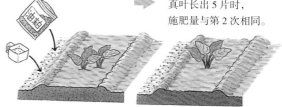

在第 1 次的相反侧施肥。

6 采收

家庭菜园可提早挖出嫩牛蒡，也可在长大越冬之后依次挖出，可长时间利用。

10 月下旬开始挖出。叶片开始枯萎的 12 月左右为正式采收期，可采收至 3 月左右。

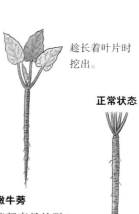

趁长着叶片时挖出。

正常状态

嫩牛蒡
茎部直径长到 1cm 左右时，即可作为嫩牛蒡挖出。

尽可能挖至顶端。所以，需要相应的工具。数量较多时，可使用机械（挖沟机）作业。

姜

具有杀菌、药用、除臭等多重功效，属于栽培历史悠久的古老作物。种姜价格较高，但确实是一种不可多得的适合家庭菜园的蔬菜。并且，通过改变采收方式，从初夏至秋季可长时间利用。

○**品种** 按照根部（块茎）的大小，可分为大姜、中姜、小姜。大姜品种包括"近江""印度"，中姜品种有"房州"，小姜品种包括"谷中""金时""三州"等。家庭菜园适合培育小姜，叶姜、姜叶、老姜、根姜等均可长期采收利用。

○**栽培的关键** 选用优质的种姜是培育关键，应及早预订。8~10cm 的移栽间隔仅供参考，田地狭小或想要提前采收时，可以适当密植。不耐干燥，在干燥田地中需要铺设稻草，注意灌溉。秋季采收根姜时应小心仔细，尽可能避免损伤留下的根部。

栽培日程

1月	2	3	4	5	6	7	8	9	10	11	12

叶姜
根姜

○移栽　▬▬ 采收

1 准备种姜

准备经过妥善储藏的越冬后的饱满种姜。

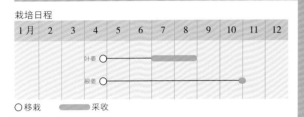

优质种姜的区分标准：
①水嫩、光泽；
②充实饱满、带嫩芽。

用手掰开，每块 50g 左右。

不足50g的小块，2~3块一起栽种。

2 整地

（每平方米用量）
石灰 2 大勺
完全腐熟堆肥 4~5 把

冬季翻耕，使土壤充分接触寒气。

3 施加基肥

施加基肥后，填土制作种植沟。

（田垄每米用量）
化肥 3 大勺
油粕 5 大勺
堆肥 5~6 把

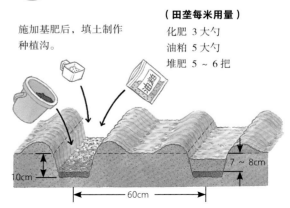

10cm　60cm　7~8cm

4 移栽

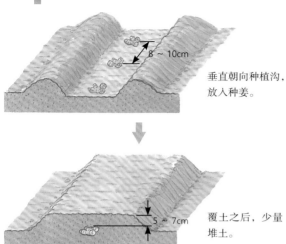

8 ~ 10cm

垂直朝向种植沟，
放入种姜。

5 ~ 7cm

覆土之后，少量
堆土。

低温条件下难以生长，为了早点采收，出芽之后移栽至田地中。
适宜温度为 25 ~ 30℃。

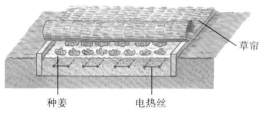

草帘

种姜　　　电热丝

5 追肥

第 1 次

生长高度达到 15cm 左右时，在田垄两侧施撒
肥料，并稍加培土。

（田垄每米用量）

化肥 2 大勺

第 2 次

生长高度达到 30 ~ 40cm 时。

（田垄每米用量）

化肥 3 大勺

第 3 次

1 个月后，施肥与
上一次等量。

6 铺设稻草及灌溉

姜不耐干燥。出梅时在株根周围铺设稻草，干旱
时期大量灌溉。

7 采收

根据喜好，体验各种采收方式。

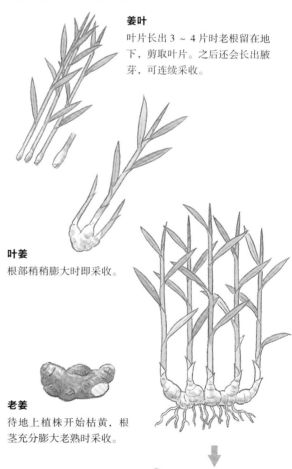

姜叶

叶片长出 3 ~ 4 片时老根留在地
下，剪取叶片。之后还会长出腋
芽，可连续采收。

叶姜

根部稍稍膨大时即采收。

老姜

待地上植株开始枯黄，根
茎充分膨大老熟时采收。

根姜

也称作嫩姜。晚秋时节，
根部充分膨大之后采收。

土豆

低温条件下也能健康生长，且仅需 3 个多月就能收获相当于种薯 15 倍的量，产量极高。培育容易，但因属于茄科，应避免与番茄、茄子等连作。特别注意，与病害相通的番茄相邻种植是大忌。

○**品种** 春季种植适宜使用"男爵""早生白"，秋季种植适宜使用"西丰""云仙"等。近年来，用途（火锅、沙拉、薯条、薯片）、颜色、花色等各不相同的种类也有出现。

○**栽培的关键** 具有休眠性，休眠期短、发芽快的品种及休眠过程中发芽的品种均不适合作为种薯。所以，应选择休眠之后适度发芽的种薯。并且，应选购抗病害的专用种薯。

移栽时，应注意当地的适宜时期。此外，注意整理芽数，及时追肥、培土及病虫害防除。

栽培日程

1月	2	3	4	5	6	7	8	9	10	11	12

温暖地区　适温地区　　　　　　　　（秋季种植）

高原寒冷地区

北海道

○移栽　　　采收

1 准备种薯

沿着左右芽均匀分配的位置纵向切开。顶端附近的芽优势明显，最早发芽。

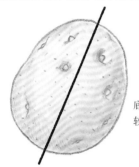

底部附近的芽较小或不发芽。

70 ~ 80g 的种薯切成两半，更大的切成 3 或 4 块。

2 整地及施加堆肥

秋季至冬季仔细翻耕，最好不施撒石灰（碱性环境下容易产生疮痂病）。

挖出锄头宽度的沟，土堆至两侧。

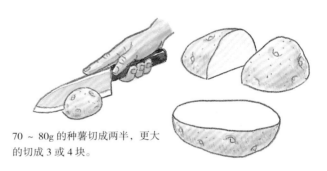

（田垄每米用量）

堆肥 3 把
化肥 4 大勺

15cm

70cm

施加基肥，土回填 7 ~ 8cm。

3 移栽

× 如果切口朝上，切面会存积水分，容易腐烂。

切口朝下放入。

种薯上方覆土 5 ~ 8cm，用锄头轻轻按压。

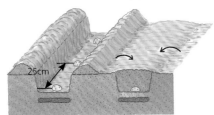
25cm

5 ~ 8cm

轻土厚覆土，重土薄覆土。

4 摘芽

长出许多芽之后，保留2 个长势较好的，其余的摘除。压住株根朝倾斜方向摘除，避免拉出种薯。如果难以摘除，可用剪刀剪断。

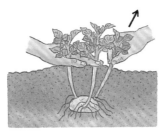

5 追肥及培土

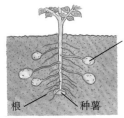
新薯
根　　种薯

为了使种薯上方延伸的根茎顶端膨大成薯，培土是关键。

第 1 次
（ 每株用量 ）
化肥 1 大勺
沿着田垄施肥，将过道的土朝向株根堆至 4 ~ 5cm 高。

第 2 次
第 1 次约 20 天之后，施肥量与上一次等量。

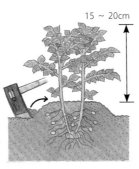
15 ~ 20cm

6 病虫害防除

叶片湿润、出现黑褐色斑点的疫病是大忌，应及早喷洒杀菌剂。而且，此病害还会传染给番茄。

土豆瓢虫会严重蚕食叶片，需要及早防除幼虫。

成虫
幼虫

7 采收

土豆膨大之后提前挖出，品尝新土豆的美味。

完全膨大时，用锄头挖出。

8 储藏

堆放容易腐烂，特别是在湿润的环境下会立即腐烂。

×

○

选择天气持续晴朗时期挖出，在阴凉环境下使表面干燥之后均匀码放。

红薯

极耐旱、耐暑，生命力顽强。富含纤维素、维生素，品种多样，用途广泛。适合任何土壤环境，但大多数优质薯均在排水及透气良好的环境下生长。

○**品种** 易培育且口感好的"红东"为代表品种。此外，还有可提早挖出、味甜、适合烤制的"高系14号"，外皮及内部均为黄色的"黄金千贯"，富含胡萝卜素的橙色品种"红隼"，粉质细腻且甘甜的"红赤"，用于加工冰淇淋的紫红色品种"山川紫"等。

○**栽培的关键** 使田地处于排水和透气良好的状态，且抑制氮的吸收。因此，比较肥沃的土地无须施加基肥。叶色变浅时少量追肥，大多数时间无须施肥。并且，应使用黑色地膜升高地温，防止杂草生长。

栽培日程

1月	2	3	4	5	6	7	8	9	10	11	12
				早收栽培 ○							
				常规栽培 ○							

○移栽　　采收
需要早收时使用地膜栽培早生品种。

1 准备苗

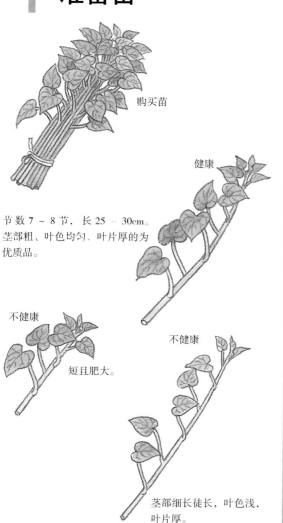

购买苗

健康

节数 7～8 节，长 25～30cm。茎部粗、叶色均匀、叶片厚的为优质品。

不健康

短且肥大。

不健康

茎部细长徒长，叶色浅，叶片厚。

2 整地

排水及透气良好的田地，能够收获优质红薯。所以，及早仔细翻耕是关键。

（田垄每米用量）
草木灰 1 把
米糠 1 把

适量添加粗堆肥、干燥的杂草、落叶等

从两侧堆高土，制作田垄。

蔬菜田等剩余肥料较多时，仅使用草木灰即可。

3 制作田垄及覆膜

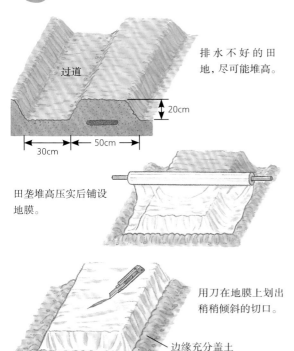

排水不好的田地，尽可能堆高。

过道

20cm

30cm 50cm

田垄堆高压实后铺设地膜。

用刀在地膜上划出稍稍倾斜的切口。

边缘充分盖土

4 移栽

通常，这种程度的移栽最佳。同时注意避免损伤叶片。

此处为关键的枝节，由此长出的根部之后会成为红薯。

×

如果深插，则红薯长势差。

切口覆土

地膜的切口用土盖上、封住。如果切口过大，土壤容易干燥，且容易遭受鼠害。

移栽后的株距为 30cm 左右。

5 除草及追肥

仅在藤蔓长势差、叶片呈浅色时，少量追肥。

化肥

株根及过道周围长出的草应及早摘除。

6 采收

少量手挖（8～9 月）

正式采收（10～11 月）

掀掉地膜。

先用镰刀割断藤蔓顶端，再将藤蔓移开田垄处。

用锄头深挖。

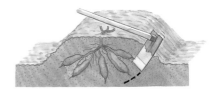

7 储藏

需要储藏的红薯应小心处理，且不得从藤蔓上摘下。

如果从藤蔓上摘下会形成伤口，容易腐烂。

竹筒

刚开始的 10～14 天左右，保持良好透气性。

堆高土，使雨水等迅速流走。

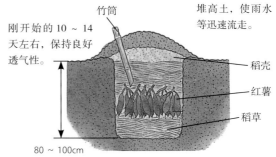

稻壳

红薯

稻草

80～100cm

选择地下水位尽可能低的位置。

芋头

在绳纹时代与稻谷一起传播至日本，最早在山中野生。

○**品种** 子芋用途品种主要包括"石川早生""土垂"，母芋及子芋两用品种包括"红芽""唐芋"，芋茎及芋头两用品种"八头"，母芋用途品种"竹笋芋"等。用途不同，品种多样。

○**栽培的关键** 极易出现连作危害，再次栽培至少需要间隔3～4年。并且，耐干燥性极差，夏季持续日照条件下会产生枯叶，导致收成不好。

属于高温性蔬菜，生长适宜温度偏高，为25～30℃。春季，为了促进生长，覆盖地膜较为有效。新芋在种芋上方长出，如果培土不足，子芋的芽会钻出地面，导致子芋难以健康膨大。需要覆盖地膜时，刚开始（覆盖地膜之前）就在芋头上方多覆土，或者将地膜卷起至田垄一侧后进行覆土。

采收后分开子芋时，将植株提起，用啤酒瓶使劲敲打就能轻松分开子芋。

栽培日程

1月	2	3	4	5	6	7	8	9	10	11	12

露地常规栽培／露地发芽栽培

■●大棚内催芽　○移栽　━采收

1 准备种芋

芽　健康　不健康

饱满、形状整齐，且芽无伤痕的40～50g种芋最健康。

2 催芽

塑料膜　土（经常浇水，避免干燥）　稻壳炭　稻草　5cm　种芋

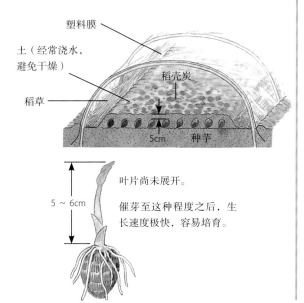

5～6cm

叶片尚未展开。

催芽至这种程度之后，生长速度极快，容易培育。

3 施加基肥

（田垄每米用量）
油粕 3 大勺
堆肥 4～5 把
化肥 3 大勺

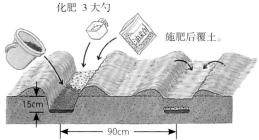

施肥后覆土。

15cm　90cm

4 移栽

芽倾斜向上，以30～40cm株距移栽。

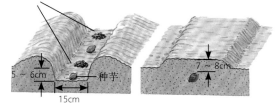

堆肥及化肥各少量　5～6cm　种芋　15cm　7～8cm

（覆膜）

催芽后的种芋

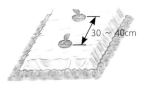

未催芽的种芋
种芋移栽后覆膜。

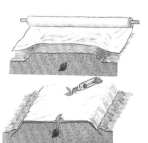

芽即将接触地膜时，
将芽朝向上方引出。

5 追肥

第 1 次（5 月下旬 ～ 6 月中旬）
第 2 次（6 月下旬 ～ 7 月上旬）

长大之后掀掉地膜。　　掀开地膜之后进行作业。

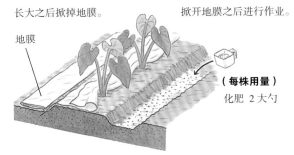

地膜

（每株用量）
化肥 2 大勺

培土之前，在田垄之间挖浅沟进行追肥。

6 培土

第 1 次
第 1 次追肥后。

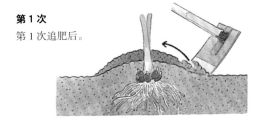

将过道的土堆向株根周围，埋入肥料。

不健康　　　　健康

培土或摘芽不充分，
会形成细长的不健康
芋头。

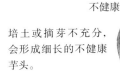

第 2 次
第 2 次追肥后。

子芋发的芽在培土时
压倒，用土埋起。

7 采收

少量手挖

8 月中旬，芋头直径达到 2cm 左右时挖出，
品尝美味的蒸芋头。

挖出作业

11 月之后，提前割掉地上部分之后挖出芋头。

8 储藏

进入严寒期之前
覆土 10cm 以上

开始储藏时覆土
5 ～ 6cm

约 60cm

豆荚等

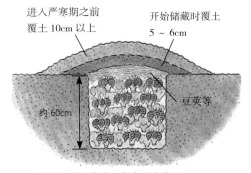

从植株中分开芋头，朝向下方塞入。

日本薯蓣

尖叶薯蓣、长芋、银杏芋、山药的通称。形状及口感丰富多样，但均带有独特的黏性，是一种富含营养的健康蔬菜，自古以来备受推崇。

膨大的薯蓣（块根）具有介于茎部和根部之间的性质，且吸收养分及水分的吸收根在地表附近的浅土层中分布。

○**品种**　大致分为上述品种群。但是，由于遗传性不明确，尚无具体品种名称。

○**栽培的关键**　为了预防线虫等害虫，应严格遵守 3 ~ 4 年间隔的轮作，并在薯蓣膨大的范围内仔细翻耕。

薯蓣分割之后，在任何土壤中都能发芽。但是，根据位置不同，长势有所差异。搭架之后藤蔓茎叶攀附延伸，尽可能增加接触光照的叶片面积至关重要。藤蔓下垂时，叶脉会长出小鳞茎，数量较多会影响薯蓣生长。所以，应尽可能使藤蔓向上延伸。

栽培日程

	2	3	4	5	6	7	8	9	10	11	12
长芋（常规栽培）											
银杏芋（常规栽培）											
催芽栽培											

○移栽　　●大棚内催芽　　采收

1 整地

（每平方米用量）
堆肥 5 ~ 6 把
缓效性化肥 6 大勺

容易出现连作危害，应选择间隔 3 ~ 4 年未种植薯蓣的田地。

2 准备种芋

用竹筒铲划入切口，之后用手折断。

颈部截取
50 ~ 60g。

长芋

粗的部分截取
80 ~ 100g。

在大棚内催芽之后再移栽至田地，可加速生长。

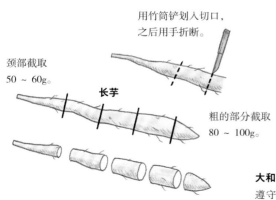

大和芋
遵守种芋的切法及大小。

每块 50 ~ 70g。

银杏芋
竖直分切开。

每块 50 ~ 70g。

3 移栽

排水条件差的田地应堆高田垄。

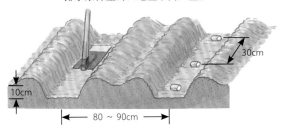

种芋按照部位（颈部、身体部分等）分行栽种，萌芽时期也会相对一致，方便后期的管理。纤细的种芋部分，可适当减小株距。

覆土不应太厚。

4 追肥

第 1 次（每株用量）
化肥 1 大勺
油粕 3 大勺

藤蔓开始生长之后，在株距之间施撒肥料。

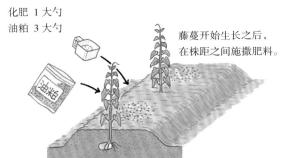

第 2 次及之后（田垄每米用量）
化肥 3 大勺

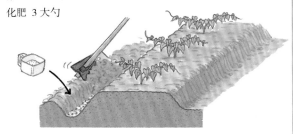

藤蔓生长至 1m 左右及初秋（分 2 次），在田垄一侧挖浅沟追肥，最后回填土。

5 铺设稻草及搭架

银杏芋

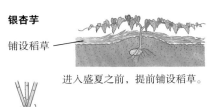

铺设稻草

进入盛夏之前，提前铺设稻草。

搭架
3 ~ 4 根竹竿绑在一起。

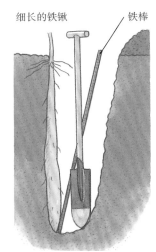

长芋
搭架尽可能高，使藤蔓向上延伸。藤蔓垂下会长出小鳞茎，小鳞茎也能吃，但太多会影响薯蓣生长。

6 采收

长芋从晚秋至春季均可采收，地上部分枯萎也没有影响。长芋容易折断，应使用方便的工具小心挖出。

细长的铁锹　　　　铁棒

冬季，趁着茎叶尚未枯萎，及时采收银杏芋。特别是在寒冷地区，最好不要在田地中留至深秋。

（通过小鳞茎培育种芋）

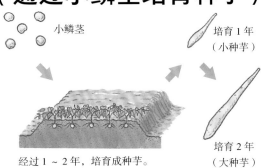

小鳞茎

培育 1 年
（小种芋）

培育 2 年
（大种芋）

经过 1 ~ 2 年，培育成种芋。

慈姑

球茎顶端长有独特的芽，是一种不多见的蔬菜。

○**品种** 青蓝色且收获量多的"蓝慈姑"，个头小且微苦的"姬慈姑"。与平常经常食用的荸荠极其相似，但科属完全不同，请勿混淆。

○**栽培的关键** 选择在湿田或水边栽培，并根据生长时期进行用水管理。

栽培日程

1月	2	3	4	5	6	7	8	9	10	11	12

○移栽　▬采收

1 准备移栽

施加少量化肥和堆肥。

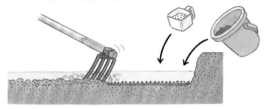

在预定种植地中注水，按照水田的整地要领，重复搅拌土壤。并且，11月及2月分别进行一次。

2 移栽

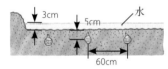

移栽后，注入约3cm深的水。

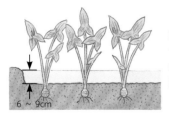

随着茎叶生长，水深逐步调整为6～9cm。特别是8月下旬～9月上旬开始膨大时，需要深水。

进入旺盛膨大时期，调整为浅水，促进其膨大。

3 管理

追肥　　　　　　　　　（每株用量）

8月上旬和9月上旬（共2次）　化肥 半大勺

摘叶

如放任不管，叶片会疯长，争夺地下的匍匐茎所需养分。所以，始终保留6～8片即可，其余摘除。

摘掉的叶片直接埋入植株周围的土壤中。

割取

11月中旬之后，割取地上部分。
这样处理之后，涩皮剥落，色泽更佳。

4 采收

块茎充分膨大之后，降低水田的水位，之后挖出块茎。

芽充分伸出的为优质品。

长豇豆

幼嫩时期的豆荚朝上，与芸豆（第60页）的使用方法相同。豆类中最耐高温及干燥的品种，盛夏时节也能大量结果，容易培育。

○品种　有"十六豇豆""姬豇豆"等品种。此外，还有优选改良的"华严泷"，属于多收品种。

○栽培的关键　可参照芸豆的栽培方法。但是，豆荚生长较长，需要搭架。并且，采摘应及时。

栽培日程

1月	2	3	4	5	6	7	8	9	10	11	12

露地栽培（育苗）

露地栽培（直接播种）

●播种　○移栽　▬采收

1 育苗

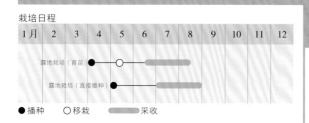

真叶长出2片时，搭建1根支架。

在3号育苗盆中播种3～4颗种子。

培育成真叶长出3～4片的苗。

2 移栽及播种

育苗

田垄整面施撒少量堆肥、化肥，翻耕至15cm左右深，移栽幼苗。

直接播种

每处播种3～4颗种子。

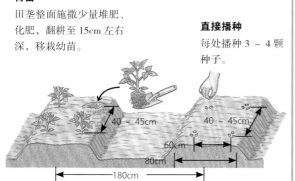

40～45cm

40～45cm

60cm

80cm

180cm

3 搭架及追肥

藤蔓可生长至3m左右，应尽可能使用长支架（2～2.5m）。

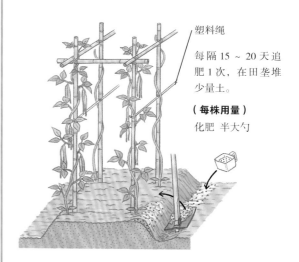

塑料绳

每隔15～20天追肥1次，在田垄堆少量土。

（每株用量）
化肥 半大勺

4 采收

每个果梗结出2～4个豆荚。

开花后10天左右，豆荚长至40～60cm长时用剪刀剪取采收。

甜罗勒

气味清爽芬芳、叶片及花穗略带苦味，适合用于肉类、海鲜、汤、沙拉的调味。

○**品种** "甜罗勒"较为常见，其他还有还有"皱叶罗勒""圣罗勒""肉果罗勒""柠檬罗勒"。

○**栽培的关键** 适宜光照充足、排水通畅的环境。太干燥的状态下叶片变硬，有损品质，需要及时灌溉。长出花芽后，叶片品质及口感变差，需要摘蕾。

栽培日程

1月	2	3	4	5	6	7	8	9	10	11	12

温暖地区及适温地区

高原寒冷地区及寒冷地区

● 播种　　○ 移栽　　▬▬ 采收

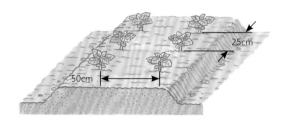

1 育苗

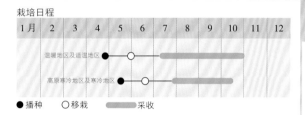

种子覆盖薄土（看不见种子即可），用木板轻轻按压。

7～8cm

3号育苗盆

真叶开始长出时，间苗为1～1.5cm间隔。

真叶长出1～2片时，移栽至育苗盆。

最终保留1株，真叶5～6片状态下定植。

3 追肥及摘蕾

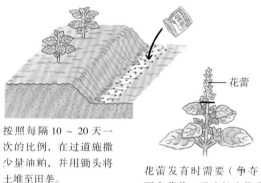

花蕾

按照每隔10～20天一次的比例，在过道施撒少量油粕，并用锄头将土堆至田垄。

花蕾发育时需要（争夺）更多营养，无法长出优质的叶片，口感也较差，应及早摘蕾。

2 整地及移栽

（每平方米用量）

堆肥 5～6把
油粕 3大勺
化肥 2大勺

在田地中施撒肥料，整面翻耕。

90cm　　40cm

4 采收

花蕾即将开放之前采收。放入纸袋中干燥，或切碎后放入密封容器，可长时间利用。

分枝之后，对顶端实施摘心。

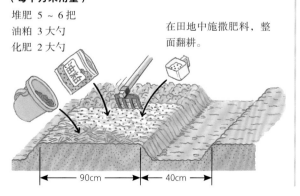

虾夷葱

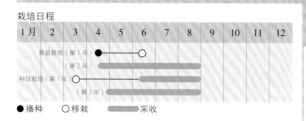

分株多的小型葱，极细。在日本的北海道及东北地区野生，自古以来就有利用。

○品种　市场上可购买"虾夷葱"种子。

○栽培的关键　播种之后育苗栽培，也可使用地下形成的鳞茎繁殖。如果能够获得鳞茎，培育更为方便。第 1 年少量采收，使植株充分膨大。此外，培育 3 年之后，更换新植株。

栽培日程

1月	2	3	4	5	6	7	8	9	10	11	12

育苗栽培（第 1 年）

（第 2 年）

种球栽培（第 1 年）

（第 2 年）

● 播种　　○ 移栽　　 采收

1 育苗及准备种球

播种育苗

以 7 ~ 8cm 间隔条播。

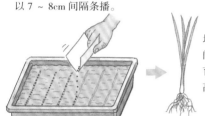

培育过程中依次间苗及追肥，培育成 15cm 左右高度的苗。

种植鳞茎

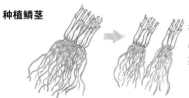

初春芽生长之前挖出地下部分，将鳞茎分成 3 ~ 4 块。

2 整地

（种植沟每米用量）

堆肥 4 ~ 5 把

油粕、化肥 各 3 大勺

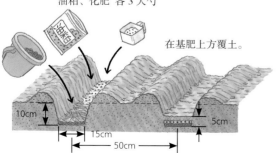

在基肥上方覆土。

10cm　5cm　15cm　50cm

3 移栽

25cm　　25cm

育苗时，每处栽种 3 ~ 4 株。

种植鳞茎时，每株栽种 6 ~ 7 个鳞茎。

4 追肥及摘蕾

第 1 次

生长高度达到 10cm 时。

（田垄每米用量）

油粕 3 大勺

化肥 3 大勺

第 2 次

1 个月后及割取之后，分别追等量的肥。

开花之后有损叶子品质，应及早摘蕾。

5 采收及使用

夏季，逐个采收。

第 1 年少量采收，使植株充分膨大。

第 2 ~ 3 年苗壮生长，可大量采收。过了第 3 年之后，替换鳞茎，重新培育。

薄荷

种植历史悠久，口感清凉，略带刺激性，适合用于烹饪、点心、饮料等。

○**品种** 杀菌、驱虫效果极好且较为常见的品种是"胡椒薄荷"。此外，还有清香味甜的"荷兰薄荷"，苹果香味的"苹果薄荷"。

○**栽培的关键** 3年分株1次，耕地之后重新种植。等待长势恢复之后，可再次获得优质品。

栽培日程

1月	2	3	4	5	6	7	8	9	10	11	12

露地栽培（第1年）
（第2年）

●播种 ○移栽 ▬采收

1 育苗

种子小，避免覆土太厚。

培育成生长高度达到10cm左右的粗壮苗。

4～5cm

过密时依次间苗，保留4～5cm间隔。

4～5cm

2 整地

（**每平方米用量**）
堆肥 5～6把
油粕 5大勺
化肥 3大勺

90cm 50cm

3 移栽及分株

苗的移栽

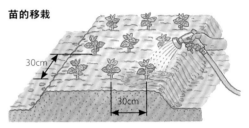

30cm

30cm

在植株周围灌溉。叶色变浅时，施加少量油粕、液肥等。

分株

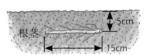

根茎
5cm
15cm

3月将根茎切成15cm左右，移栽至5cm深。每隔2～3年1次，按照此方法更新植株。

4 采收

摘叶尖。春季至夏季的生长旺盛时期，边修枝边大量采收。

储藏方法

发现花蕾时，距离地面5cm左右高度连着茎部剪下，收集绑起后阴干。
摘下干燥的叶片保存于密封容器中，需要时使用。

茴香

自古以来是鱼类料理中不可或缺的香草，叶片、叶柄、果实均可利用。

○**品种** 株根充分膨大的"甘茴香"多为蔬菜用途。

○**栽培的关键** 选择排水及透气良好的田地。为了收获株根膨大的优质品，应充分施加基肥，每个月必须追肥一次。利用种子时，应连穗一起割下，吊起使其干燥。

栽培日程

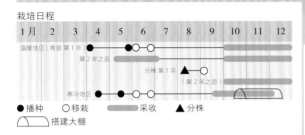

1月	2	3	4	5	6	7	8	9	10	11	12

温暖地区（育苗第 1 年）
第 2 年之后
分株 第 1 年
（第 2 年之后）
寒冷地区

● 播种 ○ 移栽 采收 ▲ 分株 搭建大棚

1 育苗

在 3 号育苗盆中播种 5 ~ 6 颗种子。

真叶长出 3 片时，间苗后保留 1 株。

根直、不耐移栽，应在花盆内直接播种育苗。

种子遗漏在地上发芽之后也可作为苗木。但是，根直且长，应深挖之后重新育苗，再移栽至田地。

2 移栽

（种植沟每米用量）
化肥 3 大勺
堆肥 6 ~ 7 把
油粕 5 大勺

甘茴香

50cm

15cm

茴香

50cm

甘茴香 60cm
茴香 90 ~ 100cm

3 管理

（每株用量）
油粕 1 大勺
化肥 半大勺

生长高度达到 20 ~ 30cm 之后，每个月在植株周围施加一次肥料，培土至株根。初春，每株施加 2 ~ 3 把完全腐熟堆肥。

遇到降霜时叶片损伤，冬季采收应搭建大棚。在温暖地区，培育多年生品种时不需要搭建大棚。

4 采收

茴香

甘茴香

摘取嫩叶顶端。同旱芹一样，茎部也可利用。

株根充分膨大时采收。

储藏方法
颜色变深时连着穗一起割下，置于通风良好的环境下吊起。

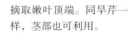

下方铺布或纸，接住种子。

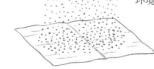

龙蒿

叶片与魁蒿相似，无切口，直立分枝。是沙司、西洋醋中不可或缺的材料。

○**品种**　分为俄罗斯品种和法国品种，用于烹饪的是经过改良的法国品种。叶片细且发亮，带有强烈气味。

○**栽培的关键**　适宜在冷凉气候下生长，关东以南地区必须在房屋北侧等凉爽环境下才能健康生长。种子无法采集，通过插条或分株进行繁殖。

栽培日程

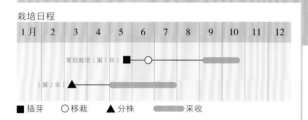

| 1 月 | 2 | 3 | 4 | 5 | 6 | 7 | 8 | 9 | 10 | 11 | 12 |

常规栽培（第 1 年）

（第 2 年）

■ 插芽　　○ 移栽　　▲ 分株　　　　　采收

1 育苗

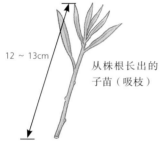

12 ～ 13cm

从株根长出的子苗（吸枝）

法国品种无法采集种子，在春季利用吸枝插芽育苗。

摘取生长至 12 ～ 13cm 的子苗，插入育苗箱中。

发根之后，地上部分长至 10cm 即可移栽于田地中。

2 移栽

40cm

60cm

100cm

花盆种植，可在身边培育。

3 管理

观察生长状态，每个月在植株之间少量追加一次油粕。

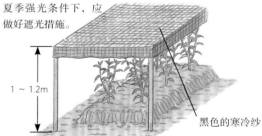

第 2 ～ 3 年的春季，割取顶端部分。

夏季强光条件下，应做好遮光措施。

1 ～ 1.2m

黑色的寒冷纱

4 采收

用于法式料理。可放在牛油、干酪中调味，也可调制西洋醋、植物油，用于调味蜗牛料理。此外，生叶可泡茶或用于洗浴。

新芽旺盛生长时期，摘取顶端。

薰衣草

不仅外形漂亮，其芬芳气味还有安神功效。用途广泛，可用于制作花束、干花、茶、点心等。

○品种　包括"齿叶薰衣草""绵毛薰衣草""西班牙薰衣草""法国薰衣草"等。

○栽培的关键　多年生常绿灌木，适宜冷凉气候，耐低温，能轻松越冬。可通过种子繁殖，但生长缓慢，建议通过插枝、插芽等方式繁殖。

栽培日程

1月	2	3	4	5	6	7	8	9	10	11	12

露地栽培（第1年）

（第2年）

（第3年）

■插芽　○移栽　■■■采收

1 准备苗

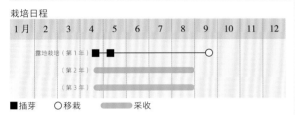

7 ~ 8cm

使用顶端健康的苗。

赤玉土 + 改良土

购买市售的苗。

购买市场售卖的植株或茎叶，插芽繁殖。

2 移栽

（种植沟每米用量）

油粕 少量
堆肥 5 ~ 6 把

20cm

30cm

80cm

移栽生长高度达到10cm左右的苗。

低洼地堆高田垄，改善排水条件。

30cm

3 管理

花期过后进入梅雨季节时，茎部下方叶片保留 4 ~ 5 片，切除上方，防止空气不流通，促进再生。

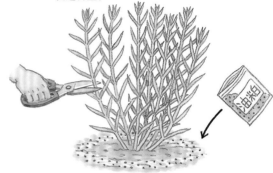

初春及采收后，分别在植株之间施撒少量肥料。

花盆栽培

在长方形的花盆内栽种 2 株，生长旺盛时期每个月追加一次油粕（2 大勺左右）。

4 采收及使用

6 ~ 7 月的开花期长出花穗，切下茎叶制作精油。

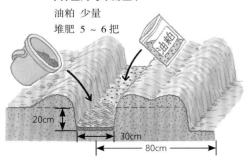

置于凉爽环境下阴干，用于制作花草茶、干花、百花香瓶。

保留1株：间苗之后仅留下1株培育。

半阴：每天接受一半光照或在树荫底下接受散射光线。

赤玉土：火山灰土经过干燥之后筛选出大、中、小颗粒，形成团粒。这种土具有良好的保水性、透气性。

草木灰：草、树枝等植物燃烧之后的灰。

春播栽培：春季播种，夏季之前采收的栽培方式。

打尖：修枝方法，将茎部、枝叶剪断。

多年生草本：生长、开花及结果之后不枯死，长年持续生长的植物。

定植：苗或球根正式种入田地及花盆内。

大棚栽培：自然环境处于低温时，用塑料膜等搭建大棚，在大棚内培育作物的栽培方法。

分株：将过密的植株分开用于繁殖。

防虫网：无纺布等材料，为了防虫、防寒及防风，直接在作物上方铺设，或隔开一定空隙铺设。

覆膜栽培：在地面铺设地膜等栽培作物。通过这种方式，可提升地温，防止地面的水分蒸发，以及抑制杂草。

腐叶土：阔叶树落叶腐败之后形成的土，保水性、保肥性、透气性、排水性极好。

含氯石灰：比石灰更易溶于水，水溶液散布于叶片及花中，用于补充钙质。

花芽：发育之后，将来开花的芽。

花茎：不长叶子，仅在顶部开花的茎。例如，蒲公英、彼岸花等。

化肥：由氮、磷、钾等2种以上化学配方合成的肥料。具有速效性、缓效性等不同特性。

花冠：形似皇冠的花朵集合。

花蕾：花芽。从外部观察，已经呈现花形的状态。

缓效性肥料：施加后能够稳定产生效果，长期持续有效的肥料。

间作：在田垄之间或植株之间，栽培其他作物。

间苗：针对发芽后过密的状态，除去生长缓慢、生长过快、形状异常的部分。

基肥：播种或移栽时，提前施加的肥料。

块茎：地下茎的一种。地下的茎部顶端存积着淀粉等养分，膨大成块状。例如，土豆、洋蓟等。

块根：贮藏根的一种。根部膨大成块状，用于储藏淀粉。例如，红薯、大丽花等。

苦土石灰：用于中和强酸土壤的肥料。

鹿沼土：栃木县鹿沼市周边产出，火山沙砾风化而成的酸性土。具有良好的透气性、保水性。

鳞茎：地下茎的一种。叶片积蓄养分，成为多肉状之后重合，最终成为球形或椭圆形。有的带皮，有的不带皮。例如，洋葱、葱、百合等。

轮作：为了抑制带有传染性的有害作物及病虫害，防止耕地肥力降低，逐年改变作物种植场所进行栽培的方法。

连作危害：如果每年在同一土地上种植同一作物，会引起危害。主要原因就是土壤病虫害。

泥炭藓：寒冷湿润地区的水苔类长年堆积、分解之后形成的有机物土壤，保水性极好。

pH酸碱度：氢离子浓度指数，表示溶液的酸性强度或碱性强度。pH7的纯水为中性，7以上为碱性，7以下为酸性。

培土：株根堆土的作业，在中耕时期进行。

匍匐枝：从母株延伸的茎，顶端形成子株，接触地面后发根繁殖。例如，草莓、吊兰等。

秋播栽培：秋季播种，冬季至春季采收的栽培方式。

软化：栽培菊苣等食用茎部及叶片的蔬菜时，人为阻隔光线及风使其褪色，将纤维组织软化。

速效性肥料：根部吸收之后立即产生效果的肥料，主要用于追肥。

藤蔓疯长：氮元素过量、光照及排水条件差等原因，导致藤蔓生长过度。

套作：同一土地上种植2种以上不同作物。例如，稻科和豆科的植物经常套作。

徒长：由于过密、弱光、多湿等原因，导致植物比正常生长状态弱。

晚生：作物等比正常时期稍晚成熟的品种。

小鳞茎：又称"珠芽"。芽的腋芽部分积蓄养分后膨大成1～2cm的小球根。小鳞茎从植株中落下之后发芽，可用于繁殖。例如，日本薯蓣等。

休眠：为了球根、种子、芽、苗等越过不适宜生长时期，暂时停止生长及活动的状态。

修枝：通过摘心、除去腋芽等方式调整生长外形及坐果位置的作业。

液肥：液体肥料。具有速效性，可作为追肥使用。根据植物特性，稀释为指定倍量之后使用。

育苗盆成型苗：为了使根部长成一定形状，使用小型多孔容器培育的苗。使用此苗，可轻易定植。

诱引：将枝叶及茎部缠绕于支架等，调整作物生长的方向及形状。

有机肥料：以油粕、鱼粕、骨粉、鸡粪、堆肥等动植物为原料的肥料。

腋芽：枝叶中间形成的芽，又称"侧芽"。与此对应，枝叶顶端长出的芽就是"顶芽"。

整年栽培：根据组合搭配栽培模式，一整年栽培某种作物。

中耕：在作物生长过程中翻耕周围的土。

追肥：植物生长过程中用于补充的肥料。

摘心：为了分枝及调整生长高度，摘取枝叶顶端的芽。

展着剂：喷洒农药时，药剂溶于水中附着在植物或病虫害位置，有助于充分发挥药效的辅助药剂。

摘芽：摘除腋芽，使主枝生长。

早生：作物等比正常时期提前成熟的品种。

（本页词条按拼音首字母排序）

3

蔬菜种植的基础知识

蔬菜种植之前的准备

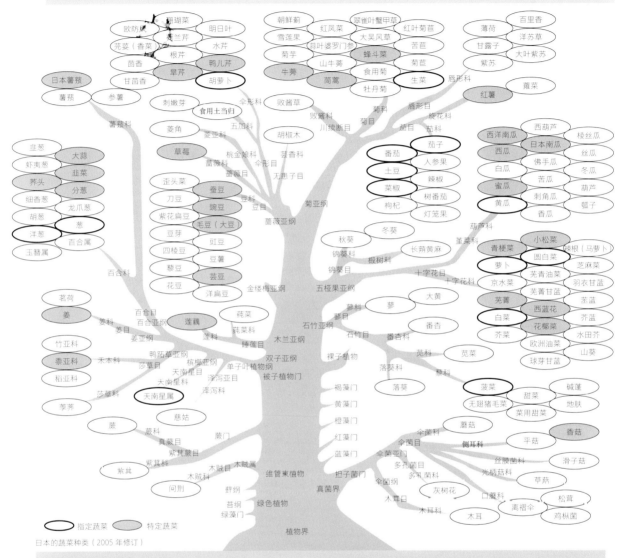

○ 指定蔬菜　● 特定蔬菜

日本的蔬菜种类（2005 年修订）

　　蔬菜的种类繁多，目前日本栽培的蔬菜已达 150 种以上，仅日常食用的蔬菜就超过 30 种。

　　最近随着人们健康意识的增强，饮食爱好的逐渐多样化及国外进口蔬菜的增多，各种新奇的蔬菜、地方特产的传统蔬菜等也能在超市和蔬菜售卖摊点看到。

　　开辟家庭菜园之前，最关键的是如何从品种繁多的蔬菜中选择合适的品种进行栽培。

　　当然，您及您的家人需要什么样的蔬菜也是很重要的。但是，相比而言，更需要考虑栽培时期、蔬菜的特性（耐寒性、耐暑性及光照长短适宜性等）、培育难易度、菜园大小（田地或花盆）、与菜园的距离、每周需要管理的次数等条件。

　　因此，掌握蔬菜及栽培相关基本知识至关重要。

蔬菜的分类

依据类缘关系的蔬菜分类

类别	科名	种类名称		类别	科名	种类名称
果菜类	茄科	茄子 番茄 菜椒 辣椒		叶茎菜类	十字花科	高菜 圆白菜 西蓝花 花椰菜 青梗菜 羽衣甘蓝 水田芥 芝麻菜 小松菜 杂交甘蓝
	葫芦科	黄瓜 白瓜 冬瓜 南瓜 西葫芦 蜜瓜 西瓜 丝瓜 葫芦			藜科	菠菜 菜用甜菜 无翅猪毛菜
					芹亚科	旱芹 荷兰芹 鸭儿芹 水芹 明日叶
	禾本科	玉米			百合科	葱 韭葱 分葱 韭菜 花韭 大蒜 荞头 洋葱 芦笋
	锦葵科	秋葵				
	豆科	芸豆 豇豆 紫花扁豆 毛豆 刀豆 蚕豆 豌豆 花生				
					菊科	茼蒿
	蔷薇科	草莓		叶茎菜类	菊科	生菜 皱叶莴苣 苦苣 洋蓟 莴苣 红叶菊苣 菊苣 蜂斗菜
叶茎菜类	十字花科	大白菜 油菜 日本芜菁 芥菜				
					唇形科	回回苏 紫苏 洋苏草
					姜科	茗荷
					蓼科	蓼 食用大黄
					五加科	食用土当归
				根菜类	十字花科	萝卜 芜菁 小芜菁 迷你萝卜 山葵
					茄科	土豆
					旋花科	红薯
					薯蓣科	日本薯蓣
					天南星科	芋头
					菊科	牛蒡
					芹亚科	胡萝卜
					姜科	生姜
					泽泻科	慈姑
					藜科	甜菜

依据食用部分，蔬菜大致可分为果菜、叶茎菜、根菜。从植物学方面考虑，有的看似根部实为茎部变形（芋头、土豆等），有的看似叶片实为花球（花椰菜等）。为了方便说明，先列举3种分类。

从分类学方面考虑，可掌握无法仅凭形态识别的植物的类缘关系。特别是"近亲"之间病虫害共通的情况较多，容易引起连作危害。如果能够掌握相关知识，有利于制订种植计划。

并且，即使是同一蔬菜，也存在具有不同特性的品种。蔬菜品种改良也很常见，耐病虫害、植株强健的新品种不断被开发出来。各种蔬菜的主要品种名称在第二章有简单介绍。关于蔬菜的最新详细信息，可参考杂志、种苗产品目录等，选择合适的品种进行栽培。

挑选种植蔬菜的关键

经常食用的蔬菜

圆白菜　黄瓜　洋葱　萝卜　番茄　土豆　葱　胡萝卜

能够品味新鲜口感及色泽的蔬菜

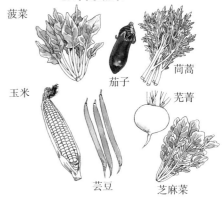

菠菜　茄子　茼蒿　芜菁　玉米　芸豆　芝麻菜

市场少见的蔬菜

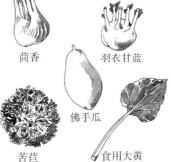

茴香　羽衣甘蓝　佛手瓜　苦苣　食用大黄

小空间内基本能自给自足的蔬菜

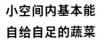

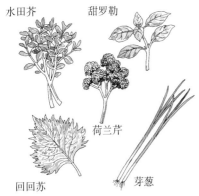

水田芥　甜罗勒　荷兰芹　回回苏　芽葱

有益健康的蔬菜

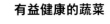

菜心　大蒜　洋蓟　紫苏　杂交甘蓝

　　此处，将适合家庭菜园种植的蔬菜选择方法大致分为5种。

① 经常食用的蔬菜：在自家菜园栽培经常食用的蔬菜，可降低生活成本。

② 能够品味新鲜口感以及色泽的蔬菜：家庭菜园的最大魅力就是能够品尝到新鲜的蔬菜。可尝试列举这类家庭菜园中不可或缺的蔬菜品种。

③ 市场少见的蔬菜：新奇的外来蔬菜、偏远地区的传统蔬菜等较少流通的蔬菜，在家庭菜园内也能轻松培育。

④ 小空间内基本能自给自足的蔬菜：只需 1~2 个大花盆就能自给自足，且放在厨房附近就能培育。

⑤ 有益健康的蔬菜：培育各种当下流行的健康蔬菜，令身体充满活力。

培育方法的难易

培育时期	类别	田地培育			花盆培育		
		简单	需要一定管理	需要精细管理	简单	需要一定管理	需要精细管理
春	果菜类	芸豆、秋葵	茄子、黄瓜、菜椒	蜜瓜、番茄	芸豆、小番茄	茄子、黄瓜、菜椒	番茄
	叶茎菜	菠菜、回回苏、水田芥	生菜、圆白菜、羽衣甘蓝	结球莴苣	萝卜芽、荷兰芹、回回苏	生菜、葱、鸭儿芹、韭菜	
	根菜类	迷你萝卜	姜	慈姑	小芜菁	土豆	
夏	果菜类	芸豆	黄瓜		小番茄	芸豆	黄瓜
	叶茎菜	小松菜、日本芜菁	圆白菜、羽衣甘蓝	旱芹、鸭儿芹、红叶菊苣	小松菜	抱子甘蓝、西蓝花	旱芹、鸭儿芹
	根菜类		胡萝卜			迷你萝卜	
秋	果菜类	豌豆	草莓			豌豆	草莓
	叶茎菜	洋葱、葱、圆白菜、生菜	结球莴苣、大白菜	结球莴苣、大白菜	京水菜、水田芥、小松菜	荷兰芹、结球甘蓝、茼蒿	西蓝花、洋葱
	根菜类	小芜菁	萝卜		迷你萝卜、小芜菁	甜菜、小胡萝卜	

与体育运动、手工艺的学习方式等相同，家庭菜园刚开始也要从比较容易培育的蔬菜开始尝试。之后，随着经验的积累，可逐步挑战种植难度高的蔬菜。

最容易培育的蔬菜就是在嫩叶状态就能采收的蔬菜，例如萝卜芽、小松菜、青梗菜等。之后，需要更多叶片数量的结球蔬菜（圆白菜等），结出果实的蔬菜（黄瓜、番茄等），必须提升果实甜度的蔬菜（蜜瓜等），从易至难逐步挑战。而且，还要充分考虑各季节如何搭配培育种类，制订作物计划。

但是，上表仅供参考。根据与菜园的距离（管理及采收的频度相关）、菜园规模、田地的光照及土质、水分状态等环境条件、蔬菜的适宜生长温度（季节）等的变化，适合培育的蔬菜种类也会有所不同。

蔬菜的种类和适宜温度

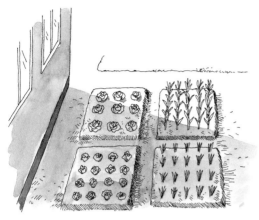

半阴条件下也能培育的蔬菜

姜、荷兰芹、生菜、叶葱。

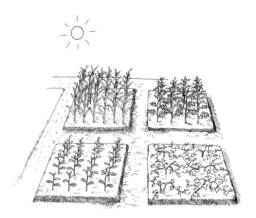

必须在强光条件下培育的蔬菜

番茄、西瓜、蜜瓜、玉米。

蔬菜的种类和培育的适宜温度（℃）

种类	最高温度	最低温度	最适宜温度
番茄	35 ~ 38	2 ~ 5	17 ~ 28
黄瓜	35 ~ 38	5 ~ 10	20 ~ 28
茄子	38 ~ 40	5 ~ 10	20 ~ 30
菜椒	38 ~ 40	10 ~ 15	25 ~ 30
南瓜	38 ~ 40	5 ~ 10	20 ~ 30
西瓜	38 ~ 40	10 ~ 15	25 ~ 30
大白菜	25 ~ 30	0 ~ 5	15 ~ 20
圆白菜	25 ~ 30	0 ~ 5	15 ~ 20
葱	30 ~ 35	−7 ~ 0	10 ~ 18
胡萝卜	28 ~ 33	−2 ~ 0	15 ~ 25

光照条件不好也能长势较好的蔬菜：果菜类中的芸豆，叶茎菜类及根菜类中的姜、蜂斗菜、鸭儿芹、荷兰芹、旱芹、生菜、叶葱、芋头等许多种类。

此外，适宜强光照，在日阴条件下无法健康生长的蔬菜包括西瓜、蜜瓜、番茄等果菜类。半阴或日阴条件下，这些蔬菜无法坐果或甜度不足。玉米、红薯等也适宜强光照，在光照条件好的环境下口感更佳。

并且，从土壤的干湿条件考虑，鸭儿芹、芋头、旱芹、蜂斗菜等属于不耐干燥的蔬菜。水芹、水田芥等蔬菜适宜在多湿条件下培育，莲、慈姑则必须在水生条件下培育。

此外，红薯、番茄、根深葱、萝卜、牛蒡、南瓜等不耐多湿条件，必须在排水畅通的田地中培育。

所以，应事先掌握土壤的特性，因地制宜是关键。

防止连作危害的措施

容易及不易出现连作危害的蔬菜

不易出现连作危害的蔬菜	容易出现连作危害的蔬菜
红薯、南瓜、小松菜、荞头、洋葱、蜂斗菜等	豌豆、西瓜、蜜瓜、茄子、番茄、黄瓜、蚕豆、芋头、牛蒡、慈姑、花菜、大白菜等

培育过程中需要休养的年限标准

轮作年限	蔬菜的种类
1 年休	菠菜、小芜菁、芸豆、黄瓜、塌棵菜等
2 年休	韭菜、荷兰芹、生菜、结球甘蓝、莴苣、大白菜、甜菜、姜、旱芹、黄瓜、草莓等
3 ~ 4 年休	茄子、番茄、菜椒、蜜瓜、白瓜、蚕豆、芋头、牛蒡、花菜、慈姑等
4 ~ 5 年休	豌豆、西瓜等

连作危害主要是土壤病虫害，此外根部分泌的妨碍生长的物质也是危害之一。

许多蔬菜都会发生连作危害，但特别明显的是豌豆、芋头等。并且，番茄、茄子、菜椒等茄科蔬菜，西瓜、蜜瓜、黄瓜等葫芦科蔬菜，大白菜、花菜等十字花科蔬菜具有共通的病害，容易出现连作危害。越是容易出现连作危害的蔬菜，轮作时所需休养年限越长。

此外，红薯、南瓜、洋葱等抵御连作危害的能力极强，即使每年在同一田地中栽培也能健康生长，可放心连作。

鉴于这种特性，利用南瓜作为黄瓜嫁接的砧木，原本无法连作的蔬菜也能连作。并且，葱的"近亲"大多能够连作，如果与其他蔬菜（容易产生连作危害的蔬菜）套作，能够减轻连作导致的病害。

园艺工具及耗材

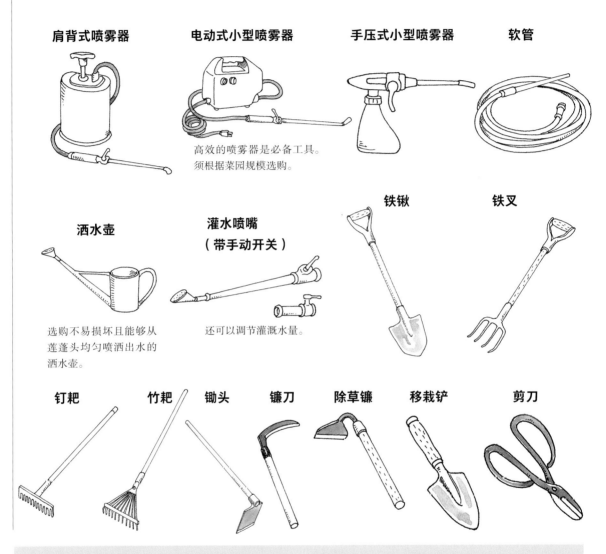

肩背式喷雾器　电动式小型喷雾器　手压式小型喷雾器　软管

高效的喷雾器是必备工具。
须根据菜园规模选购。

洒水壶　灌水喷嘴（带手动开关）　铁锹　铁叉

选购不易损坏且能够从
莲蓬头均匀喷洒出水的
洒水壶。

还可以调节灌溉水量。

钉耙　竹耙　锄头　镰刀　除草镰　移栽铲　剪刀

　　锄头、短柄锄头、镰刀、除草镰、铁锹、移栽铲、剪刀等都是家庭菜园的必备工具。

　　此外，还必须准备洒水壶、软管、喷嘴等园艺管理工具。

　　洒水壶可分为塑料制、铁制、不锈钢制、铜制等，材质不同，莲蓬头的出水均匀程度也有所差异。但是，最常见的是塑料制洒水壶。软管可分为橡胶制和树脂制，橡胶制的软管不易被压扁，但比较重，搬运困难。喷嘴的设计较为多变，有的可手动改变喷洒范围，有的可调节水量及关水等。

　　用于喷洒药剂的喷雾器也是必需品，通常使用肩背式喷雾器。材质可分为塑料制和不锈钢制。塑料制轻便，但结实耐用且结构简单的不锈钢制较为常用。

　　喷洒番茄、茄子等坐果激素时，使用小型喷壶。

电加热垫

农用电热丝

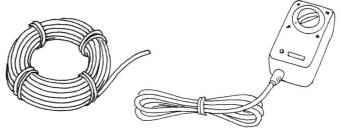

节温器

软质育苗盆

相比素烧花盆，蔬菜更适合用软质育苗盆育苗。需要准备3号（直径9cm）、4号（直径12cm）育苗盆。

育苗托盘

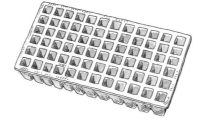

连体育苗盆

塑料育苗箱

泡沫箱

用于存放海鲜的泡沫箱，可在播种时使用。深8～10cm的使用最方便。

筛网

网眼大小不同的3件组合，市场有售。

　　低温时期育苗所需加热体，包括电加热的农用电热丝、面状的发热体等。但是，通常使用农用电热丝。选择单相100V、500W、长50m的使用较为方便，可对6～7m²的苗床实施加热。从发芽角度考虑，灯泡也很有效。使用节温器控制温度，节省电费。

　　育苗箱尺寸以深8～10cm、宽35～40cm，长45～50cm为宜，硬塑料材质的育苗箱市场有许多。底面为网状，排水通畅，且土壤不会漏出。用于存放海鲜的泡沫箱也有各种尺寸及形状，将其底部开孔之后也可替代育苗箱使用。

　　育苗盆为软质塑料，形状各异。最近，育苗托盘、连体育苗盆的种类也逐渐增多，市场上容易买到。其中，72孔、128孔较为方便。

　　注意，需要使用内含泥炭藓的调节土壤。

培土的关键

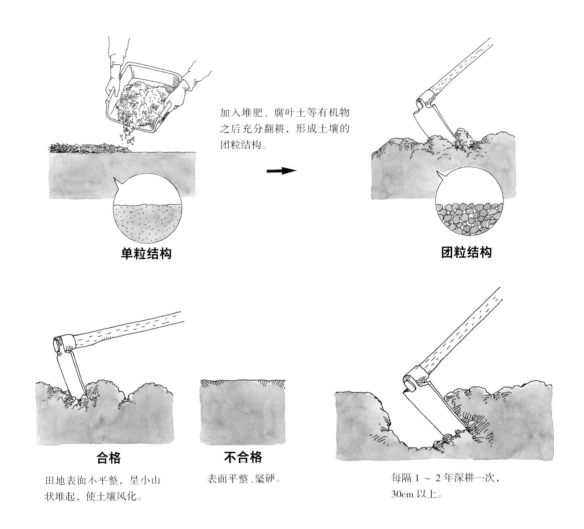

加入堆肥、腐叶土等有机物之后充分翻耕，形成土壤的团粒结构。

单粒结构

团粒结构

合格
田地表面不平整，呈小山状堆起，使土壤风化。

不合格
表面平整，坚硬。

每隔 1 ~ 2 年深耕一次，30cm 以上。

为使蔬菜健康生长，必须使根部牢固延伸，充分吸收土壤中的水分及养分。

为此，土壤必须满足以下条件：①排水通畅、透气性良好；②保水性良好；③酸度适中；④肥料充足；⑤病原菌及害虫少。

其中，①及②为基本条件，所以形成团粒结构的土壤是关键。保持团粒结构的培土方式如图所示，且需要充分施加堆肥、有机耗材（稻草、腐叶土等）。

如果条件不允许（花盆栽培等），可将泥炭藓、椰壳等混入土壤中。

在田地空闲的冬季充分翻耕，使土壤接触寒气之后风化，对排水、增氧、病虫害防除、杂草预防等都有帮助。

此外，如果作业时田地中的土壤被踩踏压实，或地表土壤在下雨时松垮，则土壤表面会固化，导致空气流通恶化。所以，除草及追肥时需要用锄头等轻轻翻耕地表，保持空气通畅。

土壤管理的关键

①冬季，在空闲的田地中施撒石灰。

②将石灰充分翻耕入土壤。

③堆成小山状，使其风化。

④平整田地。

⑤在田地整面施撒化肥及油粕，作为基肥。

⑥将化肥及油粕充分翻耕入土壤中。

⑦绑起绳子，挖种植沟。

⑧种植沟挖完之后，充分灌溉。

⑨播种。

⑩在种子上方覆土，并从上方轻轻拍打土壤。

持续培育蔬菜的过程中，田地的土壤会逐渐丧失肥力。而且，病虫害、杂草等增多，或引起生长障碍，导致蔬菜长势变差，无法获得良好收成。为了避免这类情况发生，需要始终保持良好肥力，使蔬菜能够健康生长。

最需要注意的是春夏作及秋冬作之后，在田地空闲时期（每年2次）整面施撒石灰肥料并深耕。特别是空闲时期长的冬季，需要充分翻耕，使田地表面形成小山状，遇到寒气之后使其风化。这样处理可使土壤中含有充足空气，且病原菌、害虫、杂草的种子等所需生存空间被压缩。

播种及移栽使其到来之后，将土壤表面充分平整，捣碎土块之后制作田垄及种植沟。特别是直接播种时，需要用锄头在种植沟面反复移动使土壤更加细腻，并在干燥时及时灌溉，做好细致管理。

播种的关键

■条播的方法（以菠菜为例）

①用木板等制作种植沟。

②沿着种植沟播种。

③在种植沟两侧覆土。

④用木板等轻轻按压表面。

■点播的方法（以豆类为例）

①用移栽铲等挖出种植孔。

②播种之后，覆土（约为种子厚度的3～5倍）。

■撒播的方法（以洋葱为例）

①种子表面沾水之后裹上石灰。

②整面播种。

③用筛网覆上，刚看不见种子即可。

④用木板等从上方轻轻按压。

播种方法分为3种，"条播""点播"及"撒播"。

条播是使用锄头或木板制作种植沟，并沿着种植沟播种。菠菜、小松菜、小芜菁等小型的叶菜及根菜类，主要采用这种方法。种植沟底面充分平整，均匀播种是提升发芽率的关键。

点播是用移栽铲等在种植沟中开小种植孔，并设置一定的株距，每个孔位播种3～5粒种子。种子较大、培育出较大植株的豆类、玉米、萝卜等通常采用这种方法。

撒播是制作种植沟，并用木板等仔细平整表面，在整面保持厚度均匀撒播的方法。体积小、密集生长的洋葱的苗床等通常采用这种方法。用指尖逐次抓去少量种子整面播撒，并均匀覆土是关键。

购买种苗的有效筛选方法

■**优质苗的有效筛选方法**

（优质苗）

心叶健康

节间未徒长

花蕾膨大

茎部粗壮结实

下方的叶片厚
且色深

（劣质苗）

节间或疏或密

下方的叶片
瘦小

接地部分
出现病痕

■**育苗**

在比移栽适宜期更早的时期，将小苗或市售
的果菜类幼苗移栽至大花盆内，补土之后置
于温暖环境下培育。并且，夜间使用塑料膜
保温。

注意灌溉，叶色差时施加液
肥，培育10天左右。

充分回温，苗长大之后移
栽至田地中。

　　家庭菜园种植时，难以育苗的蔬菜大多从园艺
店中购买成品苗进行栽培。

　　特别是果菜类等喜高温的蔬菜，如果提前育苗，
必须保温长达70～80天，需要较多的设备及较高
的管理成本。因此，购买成品苗是最好的方法。所以，
应掌握优质苗的筛选方法。

　　此外，常规的露地栽培时，关键的一步就是温
度充分回升之后移栽。最近，在适合移栽时期半个
月之前就能在园艺店中看到幼苗。由于育苗成本关

系，这些苗都是小苗，大多较为柔软。

　　这种情况下，将购买的苗带回家，更换尺寸稍
大的育苗盆之后补充优质的育苗土。10天之后，就
会长成健壮的苗。再将苗移栽至田地中，之后会长
得非常快，获得好的收成。

移栽的关键

■果菜类的移栽方法

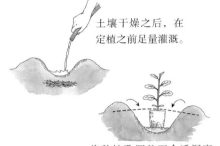

土壤干燥之后，在定植之前足量灌溉。

将种植孔调整至合适深度，并放上苗。

在育苗盆土上覆盖少量土，株根稍稍隆起即可。严禁覆土过多、深植。

■叶茎菜类的移栽方法

（结球蔬菜）

移栽之后，为了使株根周围的土壤稳固，应用手掌轻轻按压。

刚开始灌溉时，在植株周围制作圈状的沟进行灌溉。

（分株）

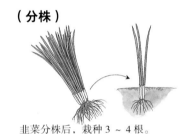

韭菜分株后，栽种3~4根。

（葱类）

洋葱的绿叶部分不得覆土，移栽至稍浅位置。

将葱直立移栽至深30cm左右的沟内。

覆土极少，在沟中施加堆肥及干草。

（荞头）

将球种埋入地中。

　　将苗移栽于田地时尽可能挑选风和日丽的日子，并对苗床或育苗盆充分灌溉，使苗方便取出。

　　小心挖出苗或脱下育苗盆，尽可能不损伤根部。

　　须注意覆土厚度。移栽果菜类时，在育苗盆土上方覆盖少量土壤，或者使株根稍稍隆起。严禁覆土过多、深植。特别是嫁接苗，嫁接部分应距离地面4~5cm以上。如果此部分靠近土壤，之后穗木会长出根，失去嫁接的效果。

　　移栽之后，用手压住株根，使土壤稳固。土壤干燥之后，在定植之前足量灌溉。并且，移栽之后也要灌溉。

　　移栽叶茎菜类时，移栽之后，为了使株根周围的土稳固，应用手掌轻轻按压。并且，刚开始灌溉时，在植株周围制作圈状的沟进行灌溉。

浇水的关键

播种前灌溉

种植沟整面大面积灌溉。

移栽后灌溉

在植株周围绕圈灌溉。

塑料地膜

可预防田垄干燥。

蔬菜的吸水量（每株每天需量）

种类	生长初期的吸水量（ml）	生长旺盛期的吸水量（ml）
黄瓜	100 ~ 200	2,000 ~ 3,000
番茄	50 ~ 150	1,500 ~ 2,500
菜椒	50 ~ 100	1,500 ~ 2,000
生菜	20 ~ 40	100 ~ 200
旱芹	50 ~ 100	300 ~ 500

刚播种或移栽之后，种子及根部的周边条件相比之前有了较大变化，会出现暂时性吸水不足。为了补充水分，可以将种子、根部及土壤混合均匀，在土壤稳固之后进行灌溉。

例如，在种植沟中播种时，应将种植沟拓宽之后灌溉。如果种子发芽后根部活跃生长，水的需求量必然增加，必须补充相应的水分。苗移栽之后，在植株周围绕圈灌溉。

但是，根据气候及降雨量等，灌溉量及灌溉频度应有所变化（例如，晴天和阴天的吸水量相差约 6 ~ 8 倍）。所以，灌溉之前应仔细观察气候条件及作物的生长状态。

使用塑料膜覆盖可抑制地面的水分蒸发，灌溉水量极少。

在花盆或泡沫箱等容器中栽培时与在田地栽培不同，无法吸收地下水，浇水的必要性更强。

肥培管理的关键

基肥的施加方法

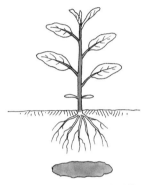

在无法通过追肥补充的位置
施加基肥。

追肥的施加方法

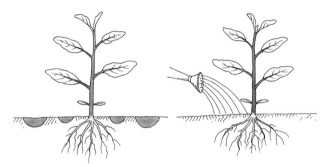

在根部顶端施加追肥最有效。
挖沟施肥时，沟挖至稍稍露
出根部最佳。

追加液肥时，可在灌溉时一并
在根部附近施加。

合格示例　　不合格示例

在株距之间施加
基肥。

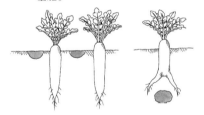

对于根深且即将采收的萝卜或长
芋等，避免垂直向下施肥。

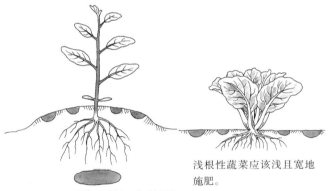

深根性蔬菜应该深且窄地施肥。

浅根性蔬菜应该浅且宽地
施肥。

施加肥料时，基肥应尽可能在移栽之前施加，以便移栽（或播种发芽）之后蔬菜能够立即吸收。并且，移栽后无法施加的根部底层也应提前施肥。

随着蔬菜生长，肥料的吸收量也会逐渐增多。为了满足蔬菜吸收，绝不能缺肥。也就是说，需要及时追肥。而且，从补充土壤流失养分方面考虑，追肥也是至关重要的。

追肥的关键在于对根部能够立即吸收适量肥料的位置施加。但是，如果太靠近根部，会造成根部肥料过浓。所以，应事先确认根部生长状态，在距离根部前端 3 ~ 5cm 位置施加。

并且，如果仅在土壤表面施撒肥料，会被雨水冲走或高温蒸发，导致肥效无法充分发挥。因此，应在田垄一侧挖出浅沟，并在浅沟中施撒肥料后覆土。

间苗及修枝摘叶

■间苗

①通常对密集位置实施间苗。

②间苗时轻轻拔出，避免损伤其他保留植株。

③保持株距，避免相邻植株的叶片相互重合。

④间苗后追肥，对株根稍加培土。

■修枝摘叶（以茄子为例）

①7月中旬过后，生长疲劳及病虫害会导致植株虚弱。

②将植株修剪至50～60cm高，摘掉病弱的叶片。

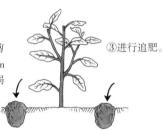

③进行追肥。

④为了防暑及保湿，须铺设稻草。

⑤修剪之后1个月，长势恢复。

在田地中直接播种或在育苗箱内条播时，种子发芽之后会形成密生状态。

幼嫩时期密生是一种共生共存现象，相互保护促进。

但是，如果始终放任不管，植株之间产生竞争，最终导致整体虚弱徒长。因此，需要间苗以保持合适的间隔。

而且，间苗不是一次就结束，应根据生长状态随时进行。间苗时期（以大白菜为例）具体来说，第1次是在子叶生出之后叶片密集时，第2次是在真叶长出2～3片时。

间苗的距离方面，只需相邻植株之间的叶片不重合即可。

修枝及摘叶也是避免植株叶片过密、获得优质品的重要作业。为了能够正确实施，上面列举了茄子的修剪示例。

搭架及诱引的关键

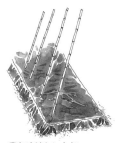
①倾斜插入支架。

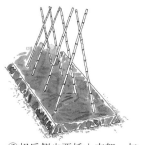
②相反侧也要插入支架，与之前插入的支架相互交叉。

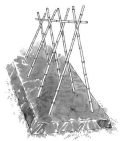
③在支架交叉汇合位置搭上横向支架。

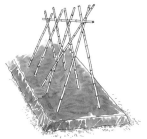
④在田垄两端、每行之间各处倾斜加入强化支架。

⑤交叉汇合位置加固。

⑥搭上的横向支架还要缠绕胶带等。

⑦交叉汇合位置用胶带缠绕固定。

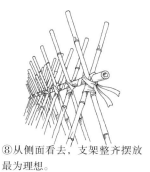
⑧从侧面看去，支架整齐摆放最为理想。

相对于整株蔬菜，其茎部、藤蔓等部分较柔弱，比如生长较高的蔬菜容易被风吹倒、落叶等。因此，需要搭架，进行正确诱引。

支架材料通常使用竹子、杭木、塑料包覆彩钢管等。

支架的搭设方式可分为直立式、汇合式、交叉式等。较高的果菜类2行种植，采用汇合式较为合理。并且，倾斜加入强化支架，加固绑紧汇合部位及交叉部位是关键。此外，较低的蔬菜应采用搭设位置低的交叉式。直立式仅限只能种植1行的情况。

如果仅搭架，茎叶、藤蔓很可能不会缠绕到架上，需要将其诱引至支架，并均匀布置。这种诱引耗材包括胶带、绳子等。市场也有售卖一种以诱引专用金属丝为芯材的塑料耗材，非常方便。

根据蔬菜种类的不同，诱引的方法也有所区别，应参照各自对应的栽培方法。

防寒的关键

■防寒的方法

①覆膜。

在叶片上方直接覆盖无纺布、短纤维无纺布等。

②塑料大棚。

大棚的保护膜通常采用乙烯树脂，比聚乙烯材料保温效果更佳。

③网状大棚。

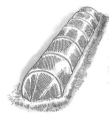

在网状寒冷纱中生长较为缓慢，但能够从上方灌溉，且温度上升时也能保持空气流通。

④搭建草帘围挡。

在北侧倾斜搭建草帘围挡。根据太阳光的照射角度，改变草帘围挡的角度。

■塑料大棚的搭建方法

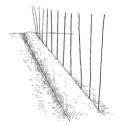

①在固定位置绑上绳子，以等距离插入竹子或塑料骨架。

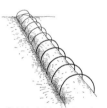

②骨架折弯跨过田垄，并插入另一侧的行之间。

③用包覆塑料膜包裹支架，塑料膜的端部和侧方埋入土中固定。

④塑料膜另一侧端部也要盖土固定。

最简单的防寒方法就是直接在叶片上方覆盖无纺布等，通常称之为"覆膜（①）"。相比露地栽培，低温性的小松菜、茼蒿等生长速度更快，冬季也能获得优质品。

如果将聚乙烯等薄膜搭建成大棚状（②），白天温度会逐步升高，进一步达到更好的保温效果。能够促进早春播种的小芜菁、萝卜及春季种植的果菜类的生长，有助于提早采收。但是，为了避免白天气温升高太多，不要忘记在塑料膜上开孔或掀开边缘进行换气。

使用寒冷纱搭建的大棚（③），作物的生长较为缓慢，但是，能够从上方灌溉，且温度上升也能保持空气流通。

在北侧倾斜搭建草帘围挡的方法（④）是传统的栽培方法，比寒冷纱的保温效果更好。

防暑及防风的关键

防暑

使用无纺布等直接盖在叶片上，兼具防虫效果。

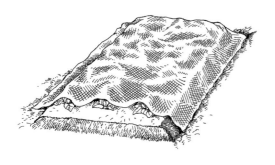

遮光

距离 1m 高处覆盖黑色寒冷纱或草帘。

防风

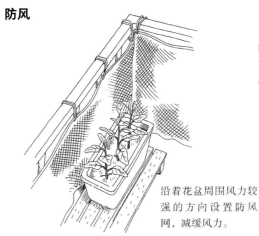

沿着花盆周围风力较强的方向设置防风网，减缓风力。

沿着田地周围风力较强的方向设置坚固的草帘、防风网。

夏季田地的气温可达 35℃ 以上，地表温度甚至经常超过 40℃。娇弱的小型叶茎菜类不耐暑热，特别是圆白菜、西蓝花等幼苗移栽后也会受到影响，建议做好遮光、防暑等措施。

遮光使用聚乙烯编织耗材，将其升高撑起，侧面打开保持通风。

如果周期短，直接铺设覆膜更有效。此外，为了抑制地温上升，可以在地面铺设稻草、干草等，也可覆盖黑白双面地膜。

强风对于蔬菜生长也是不利条件。应在强风方向设置防风网、草帘等防风围挡。

夏末至秋季的台风也是不利条件。如果掌握了台风即将来袭的信息，可以在苗床上直接覆盖防风网，并将其压紧固定。台风过去之后拆除即可。

遮盖及覆膜耗材的利用

多用地膜

用刀以一定间隔在多用塑料膜上划出切口进行移栽。

多用孔膜

以一定间隔开孔的多用孔膜。

黑色地膜

升高地温及防治杂草的效果极佳，且有助于防虫。

间隔覆膜

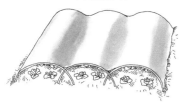

直接覆膜

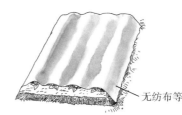

无纺布等

大棚

大棚骨架

遮光覆膜

直接覆膜平床播种

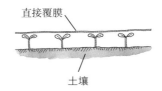

直接覆膜

土壤

直接覆膜沟底播种

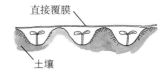

直接覆膜

土壤

使用塑料膜、稻草、杂草等覆盖土壤表面作为"地膜"。

此处列举的塑料地膜具有五重效果：①升高地温；②保持土壤水分；③防止雨水导致肥料流失；④防止土壤表面结团；⑤防治杂草（黑色膜）。

通常较多使用 0.02mm 厚的超薄质地的黑色聚乙烯膜，价格也不是很高，方便实用。

宽度有 90cm、120cm 及 135cm 等几种，可根据蔬菜的性质选用。

此外，白色及银色的膜还可以反射阳光，具有防止地温上升及防蚜虫的效果。

长纤维无纺布等轻薄的覆膜耗材价格便宜、使用方法简单，最适合家庭菜园使用。不仅保温及遮光效果好，还能防虫。

防治病虫害的关键

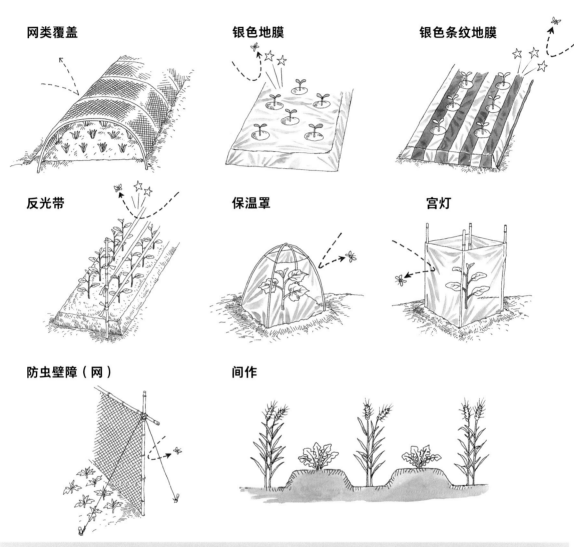

网类覆盖

银色地膜

银色条纹地膜

反光带

保温罩

宫灯

防虫壁障（网）

间作

　　病虫害防除对策包括：①减少病虫害的发生源、感染源；②培育不易感染病虫害的强健蔬菜；③通过物理方式防止害虫飞来、接触；④引入病虫害防治作物，并进行间苗；⑤尽可能提前发现受害情况，适时合理喷洒农药等。

　　病虫害防除具体措施：①杂草中生存着各种害虫，应割掉田地周边的杂草或抑制其生长。而且，采收之后剩余的蔬菜残留物的处理（做堆肥等）也很关键。并且，空闲期（特别是冬季）应施撒石灰后深耕，使土壤表面凹凸不平，遇到寒气之后土壤风化，有利于减少导致土壤病害的病原菌、杂草种子等。

　　②严格按照适宜时期播种、移栽。扩大株距，改善光照条件，并形成空气流通的状态。此外，避免缺肥。

　　③上图中所示的各种方法。

　　④用小麦、旱稻等制作宽田垄，并在田垄之间栽培萝卜、番茄等，可预防有翅蚜虫飞来，还可减少病害发生。

农药的有效使用方法

（杀虫剂）

对准害虫集中的位置喷洒，使叶片整面呈雾状附着，不得形成滴落状态。

（杀菌剂）

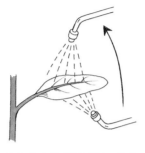

首先对叶片背面喷洒，接着对正面喷洒。

果菜

从下叶依次向上喷洒。

叶根菜

从下叶依次向上喷洒。

■尽可能不使用农药的方法

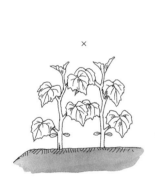

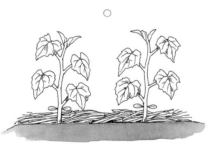

保持合适株距，避免密植。

强降雨会弹起地面土壤，沾到下叶，从而附着土壤中的病原菌，铺设稻草或塑料地膜较为有效。

病虫害刚开始并不是整体出现，而是从特定的植株及叶片出现，经过几天之后扩散至所有植株，所以初期阶段及时使用药剂最为有效。而且还能减少药剂的使用量。

不同种类的药剂，适用病虫害、作物、浓度、使用次数、采收之前几天可用等条件有所差异。应仔细阅读说明书。

水溶剂、乳剂应在喷洒所需水量中添加药剂，充分混合后使用。

不同种类的蔬菜及不同的发育阶段，所需量差异较大。生长旺盛的黄瓜、番茄等每株需要 100 ～ 200ml，圆白菜、大白菜等每株需要 30 ～ 50ml。

喷洒时对喷雾器充分施加压力，对病原菌容易侵入的部位、病斑开始出现的部位等重点喷洒。其中，下叶的背面就属于重点喷洒部位。喷口朝上对准叶片背面开始喷洒，然后是上叶，最后整体喷洒。

蔬菜索引
（按拼音首字母排序）